中国近代伦理学文献丛刊

李义天　张远航◎主编

第三部分·第五册

CCTP
中央编译出版社
Central Compilation & Translation Press

出版说明

中国近代伦理学文献丛刊共计收录中国近现代伦理学文献三十二种，分作四辑，每辑所收文献按当时出版时序排列。本次整理，皆按底本影印，以存文献版本旧貌。底本原文或有舛错，本次整理未予订正，如伦理学（斯宾挪莎著，伍光建译）第一册第十一题目录作『神或本质原为无限属性所备造而成者而每一个属性则是发表永恒及无限然则神或本质要素者是必然有者』，但正文却为『神或本质原为无限属性所备造而成者而每一个属性则是发表永恒及无限然不神或本质要素者是必然有者』，虽神与不神仅一字之差，但意迥然不同；又如日本元良勇次郎著伦理学第二十四章目录作『纳税兵役之义务』，而正文却为『国家伦理　纳税与兵役之义务』，差异明显。此外，底本皆为繁体中文，本次整理，唯前言、目录及书眉等整理文字，为适宜今人阅读，皆作简体中文。特此说明。

前言

李义天

中国有着悠久的伦理文化传统与伦理思想传统。自先秦、经汉唐、至明清，前人先贤围绕善恶、是非、义利、廉耻等问题展开的讨论及其形成的知识成果，为我们留下了丰厚的文化遗产与思想资源。在这个意义上，作为一门学问的伦理学，在中华学术谱系中始终存在。然而，作为一门学科的伦理学，对于中国学术来说，却是一件近代以来才发生的事情。

学问的确立可以是学者个人的成就，但学科的确立却与学术制度的转型、学术形态的自觉，以及学术背景的更替密切相关。这些方面都必须在近代中国社会的语境中得到理解。具体而言：

其一，作为一门学科的伦理学，奠基于近代教育制度和教育体系的发展。正是在近代教育制度和教育体系（尤其是大学教育体系）的『学科化』进程中，细密的学科划分逐渐形成，清晰的学科意识逐渐确立。由此，学者对知识的探讨，不再意味着单纯的研究，而是建制上的学科建设。对近代中国学人而言，『伦理学』概念的出现以及学科的形成，正是近代中国在文明碰撞之间吸纳、改造近代教育体系及其学术制度的现实产物。

其二，作为一门学科的伦理学，不仅需要具备专门的研究题材与研究方法，更要有针对这些题材与方法的自觉总结和反思。因此，仅仅探讨有关善恶的问题、论证关乎善恶的要求，或许能够形成伦理学学问的主要框架，但不足以构成伦理学学科的完整内容。作为学科的伦理学，还必须在探讨和论证具体命题的基础上，对其背后的理由与方法加以提炼与批判。要做到这一点，则必须梳理、评析已有的观点与路径。在这个意义上，近代中国学人对伦理学方法论和伦理学思想史的研究自觉，乃是这门学科在近代中国初步成型的必要条件。

其三，作为一门学科的伦理学，无论是涉及教育体系与知识门类的『学科化』，还是涉及研究方法与思想历程的『自觉化』，都必须置于中国与世界交往的近代语境中来理解。在『作为学问的伦理学』向『作为学科的伦理学』的转变过程中，近代中国学人对西方伦理史籍的大规模翻译、对当时国外学界新近文献（尤其是思想史著作）的批评性介绍，以及他们立足本土而展开的系统阐释与重构，无疑是最重要的内在动力。这些动力及其带来的转变，恰恰是在近代中国的特定历史背景下，作为一系列近代事件而发生的。

因此，要理解作为一门学科的伦理学在中国的起步与发展，就必须对近代中国伦理学的理论实践加以关注。其中，最为基础的一项工作便是对当时研究和译介的基本文献进行搜集、整理与汇编。可以说，只有做好这项工作，我们才能印证中国伦理学学科所具有的近代性质，才能描述中国传统伦理思想向现代人文学科范式的转变过程，才能理解过去一百五十年间中国伦理学发展的曲折与波动，也才能帮助我们在此基础上推进当代中国伦理学的学术研究与学科建设。作为历史资料，这些近代文献对于直面历史、正视历史并希望能从历史中汲取经验的每一位伦理学人来说，都是无法忽视和规避的。

基于上述考虑，我们从二十世纪上半叶的相关文献材料中，择取了三十余部作品，分作四辑，每辑依其出版年序加以汇编整理。根据题材类型，它们大致被分为四类：

（一）史籍类。主要包括近代中国学人对西方伦理思想若干重要文献的翻译作品。它们可以映射出，当时的中国伦理学人在面向西方伦理思想时所采取的关注视角与选择范围。

（二）史论类。主要包括当时具有一定影响的伦理思想史研究著作。就内容主题而言，其中既有关于西方伦理思想史的研究，也有关于中国伦理思想史的研究；就出版类型而言，既有中国学者的原创研究，也有对同时期外国学者的成果译介。它们可以展示出，当时的中国伦理学人所接受的伦理思想史框架及其主要线索。

（三）著述类。主要包括近代中国学人对伦理学基本问题的思考和阐发。其中不仅含有一些导论性、概论性作品，也涉及一些基于特定立场或针对特定领域的研究专著。它们可以反映出，当时的中国伦理学人对伦理学整体或其分支的基本判断和理解深度。

（四）讲稿类。主要包括当时使用的若干伦理学讲义或教材。同样地，这一部分也是既包括中国学者或教育者的作品，也包括当时翻译过来作为教材或教学资料使用的文本。它们可以体现出，当时的中国伦理学学科教育所涉及的大致范围和程度。

值得特别强调的是，作为近代中国的思想文献，其在内容和表述上不可避免地存在这样或那样的历史局限。如今看来，其中有些说法和论证并不恰当甚或错误。但是，这也恰好体现了伦理学作为一门人文学科所无法摆脱的历史性与经验性，也再次证明了唯物史观关于道德学说在根本上受制于社会发展这一判断的有效性与正确性。因此，基于对历史事实的尊重，我们最大限度地将这些文献循其原貌，汇编成册，影印出版。我们期待，当代学人不仅能够抱着历史的眼光去认真地观察和理解它们，更能抱着历史的眼光去严肃地批判与剖析它们。只有这样，当代中国的伦理学研究才更可能去粗取精、去伪存真，也才更可能自成一体，贯通古今，奔向未来。

壬寅春于清华园

倫理學綱要

中華百科叢書

倫理學綱要

張東蓀編

總序

這部叢書發端於十年前，計劃於三年前，中歷徵稿、整理、排校種種程序，至今日方能與讀者相見。在我們，總算是「愼重將事」，趁此發行之始，謹將我們「愼重將事」的微意略告讀者。

這部叢書之發行，雖然是由中華書局負全責，但發端卻由於我個人。所以敘此書，不得不先述我個人計劃此書的動機。

我自民國六年畢業高等師範而後，服務於中等學校者七八年。在此七八年間無日不與男女青年相處，亦無日不爲男女青年的求學問題所擾。我對於此問題感到較重要者有兩方面：第一是在校的青年無適當的課外讀物，第二是無力進校的青年無法自修。

現代的中等學校在形式上有種種設備供給學生應用，有種種教師指導學生作業，學生身處其中似乎可以「不遑他求」了。可是在現在的中國，所謂中等學校的設備，除去最少數的特殊情形外，大多數都是不完不備的。而個性不同各如其面的中等學生，正是身體精神急劇發展的時候，其求知慾特別增長，課內的種種絕難使之滿足，於是課外閱讀物便成爲他們一種重要的需品。不幸這種需要品又不能求之於一般出版物中。這事實，至少在我個人的經驗是足以證明的。

當我在中等學校任職時，有學生來問我課外應讀什麼書，每感到不能爲他開一張適當的書目，而民國十年主持吳淞中國公學中學部的經驗，更使我深切地感到此問題之急待解決。

在那裏我們曾實驗一種新的教學方法——道爾頓制，此制的主要目的在促進學生自動解決學習上的種種問題，以期個性有充分之發展。可是在設備上我們最感困難者是得不着適合於他們程度的書籍，尤其是得不着適合於他們程度的有系統的書籍.

我們以經費的限制,不能遍購國內的出版品,爲節省學生的時間計,亦不願遍購國內的出版品,可是我們將全國出版家的目錄搜集齊全,並且親去各書店選擇,結果費去我們十餘人數日的精力,竟得不到幾種眞正適合他們閱讀的書籍.我們於失望之餘,曾發憤一時擬爲中等學生編輯一部青年叢書.只惜未及一年,學校發生變動,同志四散,此項叢書至今猶祇無系統地出版數種.

此是十年前的往事,然而十餘年來,在我的囘憶中卻與當前的新鮮事情無異.

其次,現在中等學生的用費,已不是內地的所謂中產階級的家長所能負擔,而青年的智能與求知慾,卻並不因家境的貧富而有差異,且在職青年之求知慾,更多遠在一般學生之上.即就我個人的經驗而論,十餘年來各地青年之來函請求指示自修方法,索閱自修書目者,多至不可勝計,我對於他們媿不能盡指導之責;但對此問題之重要,卻不曾一日忽視.

根據上述的種種原因,所以十餘年來,我常常想到編輯一部可以供青年閱讀的叢書,以爲在校中等學生與失學青年之助.

大概是在民國十四五年之間,我曾擬定兩種計劃:一是少年叢書,一是百科叢書與中華書局陸費伯鴻先生商量,當時他很贊成立卽進行,後以我們忙於他事,無暇及此,遂致擱置.十九年一月我進中華書局,首卽再提此事,於是由計劃而徵稿,而排校.至二十年冬,已有數種排出.當付印時,因估量青年需要與平衡科目比率,忽然發現有不甚適合的地方,便又重新支配,已排就者一概拆版改排,遂致遷延至今,始得與讀者相見.

我們發刊此叢書之目的,原爲供中等學生課外閱讀,或失學青年自修研究之用.所以計劃之始,我們卽約定專家,分別開示書目,以爲全部叢書各科分量之標準.在編輯通則中,規定了三項要點:卽(一)日常習見現象之學理的說明，(二)取材不與教科書雷同而又能與之相發明，(三)行文生動，易於了解，務期能啓發讀者自動研究之興趣．爲要達到上述目的，第一我們不翻譯外籍，以免直接採用不適國情的材料，致虛耗青年精力，第二約請中等學校教師及從事社會事業的人擔任編輯，期得各本其經驗，針對中等學生及一般青年的需要，以爲取材的標準，指導他們進修的方法．在整理排校方面，我們更知非一人之力所能勝任，乃由本所同人就各人之所長分別擔任．爲謀讀者便利計，全部百冊，組成一大單元，同時可分爲八類，每類有書八冊至廿四冊，而自成爲一小單元，以便讀者依個人之需要及經濟能力，合購或分購．

此叢書費數年之力，始得出版，是否果能有助於中等學生及一般青年之修業進德，殊不敢必，所謂「身不能至，心嚮往之」而已．望讀者不吝指示，俾得更謀改進，幸甚幸甚．

舒新城．二十二年三月．

自序

中華書局有叢書之編輯，專爲青年課外補助之用，因爲我曾撰有道德哲學一書，遂囑我再撰一種倫理學，以供給於初步的學者。我自北來以後，在燕京大學即講授倫理學一課。除以拙作道德哲學爲參考以外，依然是講述各派的思想。這種辦法就是把倫理思想史與倫理學概論冶於一爐。因爲我證以自己教書的經驗與許多朋友教書的經驗，知道講思想史比講一種學爲容易使人領會。所以我決定即以倫理思想史兼充倫理學。放假以後，把我的講義底稿略加整理，即囑小兒宗炳代爲筆記，而由我口述。居然未及一月已成者十餘章。彙集而編次之，便是本書。自信此書對於青年或稍稍有益。至於詳細討論倫理問題，則仍希望讀者一參閱拙作道德哲學（亦在中華書局出版。）

民國二十年八月一日　張東蓀自識

倫理學綱要目錄

倫理學綱要

第一章　倫理學的定義

不論那一種學問，總有它的主要材料，倫理學當然不能例外，它也是用來研究一種東西的，這東西就是道德，說得透澈些，就是道德行爲同不道德行爲．

現在我們姑且把道德行爲同不道德行爲的問題抛開不談，先來談談到底這道德是怎樣研究的，換一句話來講，就是倫理學用什麼研究方法去研究道德的．我們爲什麼要這樣問呢？這也因爲我們要明瞭它的定義起見，不得不如此．

說起研究的方法，普通我們知道，不論那種學問都是一樣的．列舉起來，有下述的四種：

（一）敍述的研究（Descriptive study），這一種研究注重在寫實，它的標準因此便在於客觀，便是要避去自己的主見去尊重客觀的事實.

（二）技術的研究（Technological study），這一種的研究重在致用，因此它的標準就在乎效率，就在乎看察實用上的有效同無效.

（三）揣測的研究（Speculative study），這一種研究重在說明（Explanation），所以它的標準便是統一，因為愈統一，那麼所有的事象愈清楚，因此就愈能說明.

（四）批評的研究（Critical study），這一種研究注重辨別，因為要辨別，所以便須澈底的分析，分析了便得到最清晰的根本概念，一些不許有混亂，所以最後它的標準便是清晰了.

這四種研究方法，普通不論何種學問，也許有第一種方法，也許有了第一種方法而又有第二種方法，也許有第三種或第四種方法，總之，研究方法總歸於這四方面．

倫理學的研究道德當然也不外乎這四方面．對於敍述方面有兩種：一種是用心理學的方法去研究人類的性格，並且研究他們的動機和起因，好像把老鼠放在迷津裏讓它自已找出路來一樣，所以這一種是完全用自然科學方法去研究道德現象的；另外一種是社會學的方法，好像調查統計觀察比較等類去研究人類習慣風俗的變遷和沿革，而追究他們的進化等等，所以這一類也是用自然科學方法而從事研究的．在技術研究的一方面，倫理學不過講些實際應用的抽象問題和抽象原則，對於實用問題並不有十分關係．至於懸想或揣測的研究，則差不多都是研究道德現象的背境，說得更明白些，這類研究就是追溯道德背後的根源，所以這種研究根本上是玄學的(Metaphysical)．批評的研究之下，我們又可以分成二方面講．一方面是拿歷史上所傳下來的各種思想和各種記載的風俗習慣一一的分析一下，鑑别一下，而再加以批評，所以這一方面的研究可以說是社會上的道德史或道德思想史，以批評爲出發點而給人們鑑定，因爲它可以說明道德所以一步步的發展的原故，所以叫道德史，因爲它又能說明各種道德學說之得失，所以又叫道德思想史．這是一方面．另一方面是對於道德的本身加以批評，譬如我們問行爲自己能夠自主嗎，吾們人類之生存有目的嗎，凡是這一類問題的推究都不失爲一種批評．然而這一種研究的態度亦不是玄學的，更不是自然科學的，乃是哲學的．總而言之，向來倫理學的定義總說是「行爲標準之學，」不然就說是「道德判斷之學，」而我以爲都是太廣而太渾沌，所以在這裏我把上面講的總括一下來做一個適當的定義．

倫理學就是(1)拿自然科學的態度去研究道德的現象；(2)以實用的技術去指示人們所以做人之普遍的抽象的原則；(3)以玄學的態度去說明道德的基礎；(4)以哲學的批評態度去分析道德問題的一種學問．

上面我們已經把倫理學的定義敍述明白，接着我們要講研究道德的幾方面：

(一)從社會學上去研究道德　這是研究道德慣例的起原同發源．平常叫做社會學的道德論（Sociological ethics），有時也叫做發生的道德學（Genetic ethics）．

(二)從心理學上來研究道德　這是研究道德的情感（Moral emotion)同社會的本能(Social instinct)，有時也研究性格的構成，動機（Motivation）的性質與人格（Personality）的創造等類．所以這種研究叫做科學的倫理學（Scientific ethics），有時候人家叫它做心理學的道德論．

(三)從思想史上去研究道德　這是研究各位學者對於道德的學說．所以這個平常叫做道德思想史．

(四)從政治法律宗教教育等去研究道德　這是研究道德的制裁

(Sanction)的方法.所以叫做裁制論(Theory of Moral Sanctions).

(五)從價値論討論道德之性質.這叫做價値學的道德論(Axiological ethics).亦就是眞正的哲學的倫理學.

(六)從形而上學去研究道德的背境.這個叫做形而上學的道德論(Metaphysical ethics).

本書裏面略略的把社會學的道德論講一下,大部分書裏面都是道德思想史,不過用批評的態度去敍述它們.對於心理學上的道德論,價値學上的道德論同形而上學的道德論,都在分述各派學說的時候間接的講一下,不再多費紙筆來談了.

問題

1. 倫理學研究道德用何種方法?
2. 倫理學研究道德有幾方面?

第二章　快樂論

(一)亞里斯戴布斯

道德問題之研究既如上面所說，然而道德問題本身我們還沒談到。關於道德問題蘇格拉底首先討論，但是當他死了以後，許多問題還沒有解決。

解決這類的問題而拿自然主義爲根本的第一個學者是亞里斯戴布斯(Aristippus 435-350 B.C.)。他就是快樂論的始祖，據說他又是蘇格拉底的弟子。他以爲人生之所以生就是爲了快樂，凡是有快樂者都是好，不快樂就是惡，這是他快樂論的根本大意，說得詳細些，可把它分成四點來細述：

(一)他說實在的東西只有感覺，除了感覺以外此外都是不可知的。散克托斯引他的話在他的書裏說道：『他以爲感覺就是是非的標準，感覺是可以知道的，它還不致於領我們做錯．至於外邊的東西乃是不可以知道的，並且錯誤都是由這裏來的．譬如吾們看見一個白的東西或是嘗一件甜的東西，吾們就可以說這是白的或這是甜的，但是爲什麼是白的和甜的那就沒人知道了』（Adverous Mathemaieos VII 191）．由此看來，他的學說同普洛他谷拉斯（Protogoras）的主張人是萬物的尺一模一樣．

（二）他也主張感覺是外物的運動來加到我們身體上的結果．外邊的運動有三種：⑴暴烈性的運動，⑵溫和性的運動，⑶不動．第一種的運動因爲它是暴烈性，所以它加到我們的身體的結果是痛苦．溫和性的運動加到我們身體上，其結果就感覺是快樂．至於不動（第三種運動）加到吾人身體的感覺是在不苦不樂之間．此說表面上看來好像同上面講的正似矛盾，因爲一個說感覺原因不可知，而現在明明的說感覺係外界運動加到人身上的結果．但是事實上並不相反，因爲他是說外邊的東西是不可知的，但是他却沒說外界的東西對於人們身體上的影響是不可知啊！由此可見他的學說是受德穆克立托（Democritus 460?-357? B.C.）之原子論的影響很深，不過他僅說運動之發爲感覺罷了。

（三）快樂照他講就是那柔和運動的感覺．因此他主張人生的最高目的就在追求這種快樂而去避免那暴烈性所生的痛苦感覺．而對於不苦不樂的感覺他就不管了．因爲這個原故，他的主張又可分爲二特點：

（A）第一他說所有的快樂都是一樣的，並沒有性質上的區別．因爲他說快樂都是運動對於吾人所生的結果，所以性質當然沒有絲毫的區別．這個快樂就等於那個快樂，所以他又說既然快樂都沒有區別，人們便不當選擇，因爲取這個快樂同取那個快樂是一樣的．

（B）人們的求快樂應當以現在所得的做目的，此說同前面講的相同，因快樂無彼此區別之分，所求得的也都是快樂，所以有快樂便不當放過，以放過快樂而去追求另一個快樂，這就是笨了！因爲那快樂同這快樂簡直是一樣的。依他的學說說則有快樂在前卽當求它，「有酒今日醉」就是他的本意了。

（四）他也知道追求快樂反而引出許多痛苦，因此他就說我們應當管理快樂，別給快樂管理了。斯托伯歐斯記他的話說：『他主張管理快樂並不是單單管理而不享受，乃是享受它得沒完沒了，譬如你有一匹馬，管理它的人並不是放着不用，乃是把它用得隨心所欲，』所以他絕對主張「考慮」是一種必要的德，因爲有了它便可以獲得快樂了。「考慮」這字希臘字本文是 Phronesis，英文譯作 Prudence，意思和「三思而行」差不多。考慮力越强，人便越快樂，所以他把預見力同快樂成了一個正比例，雖然他們這派並不承認說智慧之人都是快樂而愚妄的人都是生活痛苦，但他們大體却主張智慧愈大快樂愈多了。

亞里斯戴布斯的學說就是這個樣子.現在爲明白起見,再把他一條一條的要點總述一下:

(一)他主張人生有所追求——就是人生是有目的的,這一點是從蘇格拉底那裏學來的.

(二)他主張人生的目的就在快樂,對於無苦痛的一點則不問.

(三)他主張知識是求快樂的工具,知識自身並不好,它的好處就在能使我們找快樂罷了.

(四)他主張道德就是知識,所以道德也就是找快樂的工具;這個主張是採用蘇格拉底的道德即知識的意思,就是說人們所以謹誠公正就是爲了自己的快樂,所以有道德的總是快樂的.

(二)伊壁鳩魯

伊壁鳩魯又是一位快樂論者，他的著作現在還有，所以我們還可以知道他的學說的眞相。他的學說大概分成兩部，一部是關於哲學的，我們這裏不談，另外一部是關於他的倫理學說的。

他的倫理學說的根本也是主張人生的目的是快樂，但是他同亞里斯戴布斯大有不同的地方：

（一）伊壁鳩魯的所謂快樂根本上同亞里斯戴布斯不同，他主張的是精神上的安適，但是他並不主張有感覺上的快樂。亞里斯戴布斯以爲精神快樂與肉體上的快樂並無分別，所以他說人們只要有目的的快樂，不必爲了精神快樂而放棄了肉體的快樂。伊壁鳩魯則以爲肉體上並不快樂，而往往使人非凡的痛苦，快樂所以一定要求精神上的安適。他在給未奴扣斯的信裏，說得很明白：『吾說的快樂並不是感覺上的快樂而是感覺上無有痛苦同時精神上也沒煩惱的快樂。所以快樂生活，並不是單單狂舞大嚼種種奢侈，却是以冷静的推理，去知道事情做的该不该，并且破除一切心神的迷信．考虑最是重要，此外诸德都是从考虑出来的．如其我们要有快乐的生活，我们一定要有考虑正直种种美德，因为实在考虑等等同快乐是相连而不可分开的，』由他的信上已可见出他的意见的一斑了．

（一）亚里斯戴布斯说快乐都是一模一样的，并无分别，所以不应当错过快乐，有一个快乐，就当享受一个；伊壁鸠鲁以为这是不对的，人们应当有所考虑千万别为了现在的小快乐，而放去了后来的大快乐，所以他的快乐论是顾全一生的，这是他们两家的不同点二．

（三）亚里斯戴布斯以为快乐是从柔和运动对于人身的感觉，不动便不感觉，也就没有苦乐，所以他以为这种不苦不乐的情形人们可不必管它．伊壁鸠鲁对于这点又是不同，他以为快乐既是骚扰，所以不动也就是快乐，所以不苦不乐乃是真正的快乐，并是人们所要的东西．总结说来，亚里斯戴布斯以動爲快樂，伊壁鳩魯以靜爲快樂，這是他們的不同點三.

（四）亞里斯戴布斯既以爲快樂出於運動，所以他的結論便不能說制慾了；伊壁鳩魯主張眞正的快樂是從靜裏出來的，所以他就以心的安怡爲得快樂的惟一方法，既然要使心神安怡，所以他主張控制一切的擾亂精神的慾望。他說這種狀態就是Ataraxia，同德穆克里托的Euthymia同意，這在中國人說就是「怡靜.」因此他又說慾望有三種：一種是自然而必須的，一種是自然而不必須的，一種是不自然而且不必須的.第一種既自然而必須，所以無法去却，第二種自然而不必須的，那就可以想法子去控制它，至於第三種不自然又不必須的，那就更須把它全去却.英國希克斯（R.D.Hicks）在他的著作裏（Stoic and Epicurean, p. 165）說得好：『慾望出乎要求，要求不得便生出痛苦來了.當吾們去滿足我們的行動的時候，心裏當然要去解除一種痛苦，然而你希求去滿足，你就使你精神不安……所以無痛苦只有在此心平靜的時候，……』照這一段文字看來，可見伊壁鳩魯是主張制慾，而反對縱慾的，這是他們的不同點四．

（五）亞里斯藏布斯雖然也知道現在的快樂足以使將來受痛苦，然而他並不承認，凡是有節制有智慧的人都是快樂的人，不過他說，凡是有智有德的人大都可以得到快樂生活．伊壁鳩魯的主張更是進一步，他以爲有智有德的人沒有一個不是快樂的，而凡是愚妄的人們沒有一個不生活痛苦的，於是伊壁鳩魯以爲智慧與道德之聯絡關係乃更大並且考慮也更爲重大了，這又是不同點五．

兩個人的不同點大約是如此，而伊壁鳩魯的倫理學說也可以在其中略見一斑，底下我再敍述幾个他們兩家相同之點，那麼他的學說就可以更明白些了．

（一）他們兩個都主張善惡的標準却依本人的苦樂而定的．譬如說罷，我做了一件壞事;雖然我自己做了很快樂,但是這事影響了社會,結果對於我自己仍是不利,所以這就是善惡都依我來決定,而這種的善惡也就等於苦樂.

(二)他們兩人都主張道德是後來的,並且天生就有的,他們說有了疾病才有醫藥的發明,同樣有了快樂才有道德,因爲醫病所以才產生藥,因爲要找快樂,所以要有找快樂的工具,這工具就是道德.

(三)他們兩人都主張道德就是知識,知識也就是道德,有知識的人對於苦樂便有考慮,對於將來的苦樂如何處置,都有很精確的計算,這種行爲就是合乎道德的行爲,因此這個人就是有道德.這一點他們兩人還有些差別,亞里斯戴布斯還沒有伊壁鳩魯的極端,伊壁鳩魯一直主張知識與快樂成正比例,知識充足一分,快樂也增加一分,知識少一分,快樂也照例減一分.

就這三點而講,第一點說快樂苦痛都由我自定,是自我主義;第二點以道德作一種工具看待，可以叫做工具主義；第三點講知識與道德的關係，可以叫做唯知主義.

問題

1. 亞里斯戴布斯的快樂論要點怎樣?
2. 伊璧鳩魯的快樂論要點怎樣?
3. 略述亞伊二人同異之點?

第三章　功利論——邊沁

邊沁（J.Bentham 1748-1842）是功利派的唯一代表，他的倫理學說乃是吸收克己論的長處而顯其本來的面目，所以功利論實在是快樂論同克己論的調和.他的學說大概如下：

邊沁的第一步工作就是把痛苦和快樂來分類.他以爲吾們的感覺有二種，一種引起我們的注意，一種則否，而我們的苦樂就是引起我們注意的快感同不快感.他又說快感可以分成二類，一類是簡單的，一類是複雜的，簡單的是單單一種快樂，複雜的是幾種快樂拚在一塊兒成功的，有時也有快樂和不快樂和在一塊兒的.簡單的快樂裏面又可以分作十五種：

（1）官感的樂　（2）富有的樂　（3）技巧的樂　（4）交友的樂

（5）名譽的樂　（6）努力的樂　（7）敬神的樂　（8）仁慈的樂

(9)殘忍的樂 (10)知識的樂 (11)記憶的樂 (12)想像的樂

(13)希望的樂 (14)聯想的樂 (15)解免的樂

他所謂的十五種單簡快樂，差不多都是快樂的原因.他對于苦痛把它分成十一種:

(1)缺乏的苦 (2)官覺的苦 (3)拙劣的苦 (4)被敵遇苦

(5)不名譽苦 (6)畏神的苦 (7)惻隱的苦 (8)惡意的苦

(9)記憶的苦 (10)想像的苦 (11)畏懼的苦

除此以外邊沁又說苦樂又可分成兩類，一是涉及別人的，一是純粹屬於自己的.邊沁又立了四個制裁(Sanctions)來說明苦樂可以由制裁而起來!那四個制裁是:

(一)自然的制裁 這是說苦樂生於自然，並不由於人力同神力，完全出乎物理的.

(二)政治的制裁　這是說拿政治的權力去賞罰,而由賞罰生出了苦痛與快樂.

(三)道德的制裁　這個又叫普通的制裁,就是說由外界對於人們的毀譽而使人們感得快樂同痛苦的.

(四)宗教的制裁　這是說神道用力來加賞罰給人們而使人們感着苦樂.

這四點邊沁以爲是苦樂的來源,也可以說是四個左右苦樂的方法.現在我們得注意兩點,一點是說快樂同痛苦可以分類,另一點是說苦樂的來去都可以由人管理的.這兩點都是說苦樂是客觀的,因爲如其不是客觀,就不能分類,更不能隨人的便了.故邊沁說我的所樂一定也是你的所樂,你的所苦一定也是我的所苦,人與自己的好惡都是相同的.他譬如說,有一件事甲做了快樂,乙做了也一定快樂,內罷不管是那一位,一定都快樂.再譬如說,我做一件事不快樂，不論誰做這件事都不快樂。這就是邊沁的意見。

邊沁又說快樂同苦痛都可以計算，他的計算的標準一共有七個：

（甲）單拿一個快樂來說有四種：

一　快樂的强弱

二　快樂的長久

三　快樂的確實

四　快樂的遠近

（乙）拿一個快樂同別的苦樂的關係或比較來講有二種：

五　快樂的相生與否

六　快樂的純粹與否

（丙）拿一個快樂的影響來講有一種：

七　快樂的範圍

這就是量苦樂的七個標準，爲明白起見，我舉幾個例子來說明一下。譬如我們玩網球，吾們一定比閒談來得更快樂，則就是說快樂有强有弱；又如我們吃糖，快樂的時間很短，去逛山水，時候就長一些，這是說快樂的長久；差不多第三種標準也可以這麼舉例說明，所以這裏我也不多說了。第四個標準講遠近，這就是我們得預計快樂，邊沁的意思說既是人們多要得快樂，那麼最好就是沒有不快樂的時候，既是要沒有不快樂的時候，那麼我們更不管什麼都要，並且快樂愈大愈好，但是吾們決不可犧牲目前有望的快樂而求將來無望的快樂，也不能要目前的無望無力的快樂而因此忍了後來有望有力的快樂。所以這一點又要同上面三點一同計算的。

第五個標準快樂的相生與否，是說快樂能不能產生別的快樂。好比說罷，身體健康的快樂可以引出許多別的快樂，而打球就不能。有時候一個快樂可以引出許多別的快樂，這就是快樂的相生，苦痛也是一樣的。第六個標準說快樂的純粹不純粹。譬如說罷，有一個快樂雖是快樂，然而其中含有別的痛苦，那就不是純粹的快樂了。

這許多都是關於一個人的。第七個標準是關於別人的，好像我做一件事，我很感到快樂，但是別人也許也能感到快樂，這就是我的快樂影響到別人了，這個影響也可分成二類，一類可以說是時間的，另一類是空間的。空間的就好像上面講的那樣，時間的就好比我做了一件事，過了幾年以後，影響到別人得很快樂，這便是時間上的了。

邊沁爲便於使人記憶的原故，他做了小詩一首講這一類的標準。他的詩我已把它譯下：

强久確與速　純粹及連續
凡此諸標準　皆見於苦樂
若汝爲一己　求樂依此則

設屬於公共　樂應當廣及

無論汝若何　苦痛宜避絕

倘苦不可避　務限少數者

原文：Intense, long, certain, speedy, fruitful, pure,

Such marks in pleasure and in pain endure.

Such pleasures seek if private be thy end,

If it be public, wide let them extend.

Such pains avoid, which ever be thy veiw.

If pains must come, let them extend to few.

由上面的七個標準看來，如其一個合於七個標準，那當然頂好，合於六個，那就次一些，五個呢，再次一些，以此一直推下，到只能合於一個標準時那就最壞了.所以邊沁後來又說一羣人的快樂的多少就等於人數乘各人快樂的多少這就是說一個人的快樂除去自己個人獨享以外大部分仍舊是共享的那共享的快樂一增加，那麽全社會都受着他的影響．所以利己現在也可以分作二個，一個是獨利的利己，一個是兼利的利己．功利派他們所有的主要意思就是要減少獨利的利己，而增加兼利的利已，使得自己也快樂，而社會同時也受益不少．

現在我們已經把邊沁的倫理學說大略講完，所以接着我們就把他的學說同快樂論比較一下．先就同點言：

(一)邊沁的學說以爲世上並沒有好人壞人，只有聰明人同笨人，聰明人對於自己的快樂有算計，所以自己快樂，並且使社會受益，笨人自己不能快樂，還要弄得社會有害，這一點同快樂論者說知識就是道德簡直一樣．

(二)邊沁以爲這種苦樂預算法就是倫理，倫理雖然使得倫理同政治相輔，而他承認倫理是增進吾們幸福的工具，所以這一點同伊壁鳩魯說道德是後生的東西一樣.

(三)邊沁以爲所定最大最多的幸福之法則都是出乎經驗,所以他對於倫理法則的存在,完全是取經驗論的.這就是說倫理法則都是經驗上的教訓,這一點同快樂論也相同.

(四)邊沁對於快樂只講它的强弱長久同確實,他並不討論快樂的性質如何.他有一句話說『快樂的量大概相等,押針等於詩歌,』從他這句話裏,看出他主張甲快樂同乙快樂並無分別,這一點同亞里斯戴布斯差仿不多.

以上單講快樂論同功利論的相同點,這裏再說幾個不同點:

(一)亞里斯戴布斯一流皆以快樂是一種感覺,而在感覺以外便不認有苦樂,邊沁就不同.他舉出許多苦樂,好比財富名譽等等都可以使人快樂,然而並不是感覺,這一點是他們所不同的.

(二)伊壁鳩魯雖然注重考量以爲考量是避免痛苦而得快樂的唯一方法,但是他並不像邊沁那樣眞正的立了客觀標準而測量.並且邊沁又把人們的行爲精密的列成一張表,從大樂一直到大苦爲止.這也是他們的不同點.

以上所舉的二點性質並沒有什麼差別,只不過程度上差一些,邊沁講的東西比他們詳細一些罷了.

問題

1. 邊沁功利論的要點怎樣?
2. 邊沁拿什麼標準來定苦樂的多少?
3. 功利派的主要意見是怎樣的?
4. 功利論與快樂論的關係如何?

第四章 苦行論

(一)犬園學派

同快樂論正好相反的有一位叫安第斯散尼斯，他也是蘇格拉底的學生。他有許多的學生，他們的一派給人家叫做犬儒（Cynics），因爲安第斯散尼斯曾經造了一個學園顔曰白犬（Cynosarger），因此後來的人都叫他們是犬，他們自己也願意，所以到現在他們這一派就叫做犬園學派，

安第斯散尼斯（Antisthenes 444-366B.C.）一輩的學說以爲使人幸福的最妙方法就是習苦耐勞同禁欲。他們說幸福就是無要求，換句話來說，就是獨立自由而獨立自由只有禁欲耐勞能够達到這種地步，所以在犬園學派，他們的意思以爲人們應當自苦，勞心勞力去工作，餓着累着，然後才能達到道德

的地步，所以他們說做苦工就是達到道德的路．他們有一句話『吾們寧可是狂，可是不願意爲快樂所制，』這也可見他們的狂了．快樂派狂於縱樂，但是他們狂於矯情；平常人不願意勞苦，他們却偏偏的勞苦而自得．他們以爲只有甘貧耐勞才能使人達到眞正的精神自由，人的精神自由就是到無要求的境界，到了那個境界，既不要求，而又不感缺乏，於是便沒有痛苦，所以他們的習苦眞正却是去制苦，而想法去征服它．因此他們修養的目標就是「自主」（Self-mastery），所謂自主，就是獨立自由，不爲物質所管理，也不給情感牽制，更不爲欲望所左右，然而不就是這樣就完了．人們還須研究學理，以求知識的增加，因爲愈增加知識便愈能自主，自主同知識成一個正比例．總之，他們的學說，乃是以人生的目的在取得「自主」，取得的方法有二，積極方面是增進知識，消極方面是耐勞克慾．別派的注重知識，都是爲眞理而去求眞理，犬儒學派的注重知識却完全爲了修身，因爲他們以研究學理當作有道德上的目的．至於他們的習苦也是志在修到一種自立的境界，而他們即以爲這種無慾無情的自立的境界是德而他們的目的也就變成唯德是求而不管別的了。財富名譽他們一概不理，不但這樣，他們也不管法律國家，而他們的理想人物却是不爲社會所束縛，不爲習俗所迷惑的那一班人，也就是百事不管的人，所以他們的目標，不單是自主，還要自足（Self-sufficient）。總之他們的學說是在刻苦，爲說得明白起見，我再把幾個要點來說一下：

（一）此派謂道德就是知識，而致德的方法就是自己內省（Know thyself）。

（二）這派並不主張出世，也不主張否定意志，不過他們以爲苦身就是樂心的妙法，禁慾就是避免煩惱，樂心同避免煩惱以後就能自由同自主了。

（三）這一派不但以爲慾望引人苦惱，他們以爲社會上的風俗習尙都是迷人的，所以他們主張不爲社會法律所牽制。

(四)這一派也以爲人們不應當爲宗教的信仰所束縛.

(五)這一派因受詭辨家的影響,所以不免偏有懷疑主義的色彩.他們所以單贊成知道,而並不承認理型說(Theory of idea).

(二)斯多亞學派

斯多亞是一個希臘字的譯音,它的意思就是「前廊.」因爲這個學派的講學地點是在廳廊,所以就給人家叫做斯多亞學派.

這一派的始祖是散諾(Zeno 333-261B.C.)他起初是犬園學派克蘭弟斯的學生,後來又去從麥伽賴派的斯第爾波(Stilpo the Megaric)同柏拉圖學派的波賴謨(Polemo),以後他就自成了一派.他的一派裏的人著名的有克倫散斯(Cleanthes)同克里席布斯(Chrysippus)等人.後來潘奈第斯(Panaetius)就把這學說傳到羅馬,所以現在人們把這一派分成了兩期,一期是前期，就是在希臘時期，一期是後期，就是在羅馬的時期。

這一派學說雖然多半都是從犬園學派化出來的，但是他們並不承認勞苦就是進德的正路，不過是一條小路罷了。這一派的根本主張就是人們應當依着本性去生活，所謂本性這字就是希臘文的Phusis，同英文的Nature（自然）有點不同。他說人們應當依着本性生活的意思，就是說人們的動作都應當適合自然的發展，他所說的本性大概有兩種意思：一種是說人們的生活應當適合自己的本性，一種是說人們的生活應當適合宇宙的本性。這二個意思，其實差不多就是一個，因爲人就是宇宙的一小部分，所以依着自己的本性就是依着宇宙的本性了。所以這一派的宇宙觀變成了一個有計畫的定命論，他們以爲所有的東西都在同一的宇宙原則制宰下而有一定，都不能例外。這一種普通宇宙原則他們就叫做神。所以他們的宇宙論也可以叫做汎神論。神既然能够管御全世界，所以人們也應當服從神，既應當服從神，那就該依着神的規律來生活，換一句話來講，就是要服從神管理世界的原則來生活．所以他們又說生物的目的第一就是要自我生存，第二是要自身統一．動物們應當依它們的本能生活，因爲天已經給它們本能，人們應當依着理智（Reason）生活，因爲天也給他們理智．但是依理智生活就是依了神管理世界的法則去生活．因爲本性上沒有情慾，所以我們應當不爲情慾所管束，那就是依乎理性的生活了．

問題

1. 犬園派的學說如何解釋人類幸福？
2. 犬園派學說的要點？
3. 斯多亞派學說大意？

第五章　直覺論

(一)知辨的直覺論者

什麼叫做知辨的直覺論呢?這就是一種拿理智的辨別力去直接知道什麼是好什麼是壞,這一派的人的代表可以用克拉克來講:

克拉克(Clarck)以爲世界上的東西,它們的關係都有一定不變的樣子,這一種一定不變的關係就是用來規定關係的行徑的,譬如我們人類同世界上東西的關係就是來規定我們自己的行徑的,照着這種關係去幹,那麼所得着的關係就是適當的,反轉來說,不照着這種關係去幹,那麼所得到的關係也就不適當了.適當的關係是什麼呢,克拉克以爲就是道德,而不適當的關係當然也就是不道德了.適當的關係就好比二加三等於五,不適當的就好比說二加三等於七，所以適當同不適當的關係也可以說是關係間的調和同不調和，好比一張紙上你都畫些圈圈，但是你在那些圈裏，忽然畫一個方格，那就要感到不適當了，這不適當也可以說是圈同方格的關係不調和．再說一個例罷，譬如這裏有一羣的人，他們都是好人，忽然當中去加進了一個無賴流氓，那你一定要感到不配，爲什麼呢？這就因爲那一羣好人的行爲同那壞人無賴的行爲不調和．所以依照克拉克講，世界每一份子，都應當依着他們關係的軌道去走，不然便不成配合了，不配合也就不適當了．然而人們怎麼知道這是調和或者這是不調和呢？克拉克又以爲這就是知的辨別力．人們看了一個方格在一羣圈裏，所以感得不舒服的原故，就是爲了人們有知的辨別力，而道德呢，也就是從這種知的辨別力中出來，所以在他們一派人的意思，道德的好壞差不多就是事實上的眞假，所以他的學說特點可概之如下：

（一）道德律同自然律完全相同．

(二)道德上的好壞的辨別就等於自然界裏的東西的關係的和諧同不和諧.

(三)認知道德就同明白數理,或是看幾何圖一樣.

(二)情感的直覺論者

除了上面講的克拉克的直覺論以外,還有一派叫做情感的直覺論.這一派的始祖叫做沙甫志培來(Shaftesbury),這一派是主張道德上好壞的辨別可以用情感,好比看一張圖畫一樣.他的學說大半是歸於直覺論,但是當中却含有快樂論的成分.爲明白起見,我另分一段來講:

這一派的根本意思就是以道德是關乎性格的,因爲是關乎性格的,所以一定要從心理這方面出發.關於心理這一方面,他又把它分成三種:

(一)天賦的愛他情感——自然的情感(Natural affections)

（二）天賦的自愛情感——自我的情感（Self-affections）

（三）違反天性的情感——不自然的情感（Unnatural affections）

第一種情感好比是惻隱之心，看見人家傷了，自己覺得很悲傷，但是人家的受傷，對於自己本來一無關係，所以這一種的情感又可以叫做不關利害的情感（Disinterested affections）。第二種情感好比是好勝要名譽等一類，因爲這一類都是爲了自己的好處而生出來的。第三種好比妬忌仇恨這一類。沙甫志培來又說凡是自愛情感太過度了，就要成爲不自然的情感。所以這一派旣不主張純粹的利他，也不主張純粹的利己，不過他們的主張却是要把愛他的情感同自我的情感調和得很適當，也不能愛他的情感多，也不能自愛的情感多，一定要分配得適當，並且人們又須先有一種能力去知道配合得怎樣了，到底適當了沒有。因爲沙甫志培來主張人們須先得有那種能力，所以他就說，吾們人類生下來就有道德的感覺（Moral sense），就是說吾們人們生下來就能够知道道德的行爲；因爲我們生下來就有道德感覺，因此我們對於道德的對象也有特别的感情，這種感情沙甫志培來叫它做道德感情，意思就是説我們所以歡喜道德，是因爲我們有道德的感情；我們所以討厭不道德，也就因爲我們有不道德的感情。如同一件東西之好看是因爲我們感情上覺得好看是一樣的道理，所以道德的好，就因爲它是道德，不道德的壞，也就因爲它是不道德，一些沒有别的理由。

沙甫志培來以爲道德是一種調和的美，不道德便是不調和的醜，因爲調和的美，我們才愛它，而這一種愛它的感情，完全是出乎直覺，所以他又以爲我們的愛道德同我們賞識美術是一樣的，不過美術是以鑑賞力而道德是用道德的感覺，然而它們都是一樣的直覺，一樣的有對於價值的認識。沙甫志培來又主張道德同幸福是一致的，因爲他説道德的裏面便含有幸福，我們有道德，我們便感到滿足，而道德因此就成爲一種報酬。既然道德本身就是報酬，所以幸福就同道德一致.這一個幸福學說同快樂論大不相同,因爲一個是說道德爲幸福的工具,那一個是說道德就是幸福,這一點沙甫志培來大有些同嚴肅主義(Rigorism)相同,因爲他們的要點也是說爲道德而作道德,而不當道德是一件工具.

問題

1. 克拉克學說的特點怎樣?
2. 沙甫志培來的學說特點怎樣?
3. 道德判斷究竟是理智的還是情感的?

第六章　解脱論

(一)柏拉圖(Plato)

柏拉圖是蘇格拉底的弟子,所以他的倫理思想同蘇格拉底有許多相同之處,但是他並非單受蘇格拉底的影響,他也受潘曼尼德斯(Parmenides)的唯有論同海拉克萊托斯(Heracleitus)的唯變論的影響。

柏拉圖的人生觀大概可分二個,一個是解脫主義,就是說我們應當脫離這壞的世界而回到好世界上去,一個是說如其我們不能脫離這壞的世界,那麼我們應當逐漸的升高而達到我們理想的世界;他叫這壞世界做事世界,好世界做理世界。什麼是「理」呢?好比我們要造一個椅子,我們一定先要有椅子的理,然後才能做;再好比說,這裏有一座房子,我們所看見當然是一座房子,但是要知道這房子當中有許多木柱等類，所以表面看來沒有木柱，而實在沒有木柱便不能成房子，這個就可以比做理同萬物，理是木柱，萬物是房子，心理學家們都以爲這種理就是概念，好比人們看見紅燈，或是紅旗，就知道前面有危險，這紅便是概念，而柏拉圖以爲是不對的，他主張說紅是實在的，而紅旗紅燈都是後來的，所以他的事理關係有三個：

(一)理是事的模型——模型說

(二)事終不能同理一般——二元論

(三)事總求越近理越好——目標說

柏拉圖不僅把理做事的模型，他又把理成了一個階級系統(Hierarchy)，這個統系很像個塔，塔頂上的是最好，一些些下去，就一些些的不如上面，他以爲這頂上的就是理的最高目的，越近越好，越遠越壞，而這好壞便是他的倫理學說的根據。

我們現在已經把理同事講了一下;這裏我又得回去談他的二個主義——解脫論同救世論.我們上面已經談過解脫論是什麼,救世論是什麼,不過爲明白起見,不妨在這裏詳細再談一下:

解脫論:柏拉圖以爲我們的心可以分作兩部:

(一)物慾(Epithymetikon)

(二)義氣(Thymocides)

物慾可以歸乎事世界,義氣呢可以說是近乎理世界,所以我們的心實在在這事世界同理世界的當中,假使我們沒有物慾,那麼我們只有義氣了,並且完全歸到理世界了.柏拉圖因此以爲絕慾是達到理世界的唯一方法,但是這絕慾同克己論是完全不同的,因克己論不過簡單在求得精神的自由就罷了,而絕慾論不但要精神自由,並且還要達到一個極樂世界;不過這兩個論點却以爲生命是不重要的,寧可自殺,但是決不能使精神墮落.

救世論：柏拉圖以爲理世界的學者不應當自己住在理世界裏，而不管世界上別人的苦痛，應當拿了無所爲而爲的精神去救衆人．所以他的人生觀可以用兩句話來包括說：可以救世就救世，不可以那麼就自己去解脫．假使能够救世，第一步就得修德．德是什麼呢？就是拿人的本來能力去調和，所以個人方面的目標是完人，社會方面所要的是理想國，小我完全，那就是完人，大我完全，那是理想國．因此我們可以知道柏拉圖不僅僅以小我完全就罷了，他總以全體社會作背境．所以他的救世論並不是說外面有人來救這世界，乃是說人在這世界裏面，同衆人一同配合，去實現一個最高目的，因此他的救世也可以叫做自我實現，拿大我的自我實現來使小我的自我實現，然後又拿小我的自我實現來推進大我的自我實現．換句話說，就是個人改造社會，又以社會發展個人，而他的要點就在調和，小我的調和，那麼就成了理想人，大我而分子調和，分配得當，那麼也就成了理想國．柏拉圖的學說既重要在調和，所以他的學說實在是完全論（Perfectionism）的一種呢?

(二)叔本華(A. Schopenhauer 1788-1860)

叔本華的學說大半都是從康德同柏拉圖來的.他又從印度佛陀那邊的精髓,而成了他那超越主義的出世派.他的思想是整齊的一個系統,他以為一切的現象都是由認識而來的.認識是什麼呢?就是拿主觀來攝客觀,所以無了客觀就沒有認識,沒了主觀也就沒有了認識,因為認識一定同時要有客觀同主觀的.而一切的現象就從認識裏面出來.但是這一切的現象,並不是眞相,乃是影相（Vorstellung）,譬如我看見了一個桌子,當然在我是一個桌子,但是一個狗看來也許不是桌子,是一件別的東西.叔本華又以為這影相是外面的,如其你自己反身向自己想想,你一定能够知道,所謂自我對於別的東西,只不過是一個衝動.這個衝動叔本華便叫它意志（Wills）,所以宇宙觀也可以這麼說，外面看見的東西，沒有一個不是影相；裏面看起來就是意志；換句話說，這世界便是意志所造成的．所以到這地步叔本華已經把他的認識論的影相論歸到本體論上的意欲論上去了．現在我把意欲論再講一下；

叔本華以爲由直覺的自省就知道吾們人的本性不過是一個向前衝動的意欲，因此就可以推知宇宙的本質也就是意欲．而我們的意欲就是那大意欲當中分出的一點，好比吾們的意志是一滴水，而世界的意志是一個大海，雖然我們是很少，但是已經能夠推測大海的全體，因爲我們的小意欲實在是從大意欲分來的．這意欲照叔本華說雖常是動的，但是並不是動的對象，雖常是主觀，但是並不同客觀相對待．所以它的不可知也不過是不立在知識的對面並不是眞正的不可知．而在知識以外的東西叔本華以爲是可以知道的．

其實叔本華的所謂意欲，完全不是照心理學上解釋的，乃是形而上學上的一種概念，就是說這麼的向前一動．所以這意欲也可以叫做盲動（der blinde dang)。而這種盲動也就不過是一個沒有方向，沒有目的，沒有所求，沒有達到，沒有性質分別，沒有數量上的差別的純粹一動（Pure motion）．所以這大意欲既然是一種純粹的盲動，那分出來的小意欲也就不必說是一種無方無目的無休無達到的盲動了．但是許多的小盲動當中一定免不了要有衝突，既然一有衝突，因此那殘殺這事也成了在所不免了，我們知道植物的生命是靠着礦物而生存，動物們又吃植物而生存，人們呢更吃了動物們來生存，所以這些小意欲一天到晚在那裏爭着打着．叔本華因此說這世界簡直是一個殘殺的世界，一時沒休的殺着動物們有着他們天賦的器官構造也一時沒休的爲了這競爭使用，叔本華又說先有職能（Functions）後有組織（Structure），這主張是對的，我們先有看見，然後有眼睛的出來，我們先有吃東西的意欲，然後有胃有腸，我們先有走動的意欲，然後有脚同手．老實說，就是我們身體的器官都因着我們的意欲而生出，胃的生是爲了充足我們吃東西的意欲，手脚的生是爲了要滿足我們行動的意欲.叔本華叫這個做意欲的物體化(Objectification of the will),意思就是說意欲的起初本來是無形的,等到他發見了就造成了許多物體來做工具.叔本華這個主張實在比職能論更進一步;職能論不過是說職能足以變更組織,但是叔本華以爲不但是身體上的構造可以隨意欲而改變,而且身體亦正是意欲所產生的.吾們的有身體就因爲我們的意欲要借它來發洩,所以身體的成功正是意欲替它製造的.從這一點說來叔本華實在是一個唯心論者,他的思想和印度的佛教也很有些相同.雖然,叔本華又拿着身體的構造來解釋我們人的知識,他以爲我們人所以有思想的原故完全是因爲腦髓作用,並無其他原因,他說知識就是腦子的分泌,這一點他又同唯物論相同,他又以爲腦的生出來,就因爲有辨別外物的意欲,同胃的生是因求食的意欲是一樣的.而這一種辨別東西的知識同思想就是所謂論理的規律同經驗上的常識.叔本華說這種知識同思想都把意欲的向前衝動弄得更厲害，所以求能辨别的意欲也就不過是爲了自己活動的便利罷了，好像人們走路，帶着電筒就爲了自己的跌交，不爲了别的一樣。所以知識思想的功用也不外乎使得意欲格外發展，可見知識思想就是意欲的嚮導。總結講來，叔本華的唯心論實在是意欲一元論（Voluntaritic monism），一切東西的生是爲了意欲，而爲了意欲有了許多東西。意欲乃簡直包括了全體。

叔本華以爲宇宙意欲的化爲客體，第一是分成種類（Natural kinds）好比這鐵同那鐵不同，而兩塊都是鐵，鯉魚同黃魚雖是不一樣，但是總都是魚類。所以叔本華以爲先有種類而後有個體（Individuals），種類的成功是意欲物體化的第一級，至於個體的成功乃是意欲物體化的第二級，第一級比較近原始一些，所以他比第二級來得好。因爲叔本華的意思愈原始愈好，到了那沒有意欲的時候是最好，如其沒有了意欲那就歸到眞樸了。反過來說，就是愈衝動就愈低降，愈低降就愈殘殺，也就愈痛苦了。認識這個學說的一定要說最好的時侯是在太始，那太始的時侯，便是意欲還沒有衝動的時期，也可以叫純靜的意欲，叔本華叫它做本體．而意欲就是本體的同質異物的變化（Allotropic forms），同化學上燐有黃燐紅燐兩種，而其實是一種原素的理一樣．本體變到意欲，叫做緣起，意欲歸到本性，叫做寂滅．叔本華的人生觀也就可以拿下面兩句話來包括：

（一）使全宇宙歸到絕對靜止——世界涅槃．

（二）使了悟這理的人們却絕意欲，而歸到淸淨的境界——個人涅槃．

叔本華的人生觀，因此也可以說是涅槃說了．

他的人生觀既如上面講的，但是他的根據有三要點：

（一）在世時的道德觀念．

（二）暫時的解脫．

（三）眞正的解脫．

現在我先講他的道德觀念：他以爲吾們人的一舉一動沒有一個不照着意欲做的。而意欲呢，差不多都是尋樂自私。我在上面說過意欲就是求生的意志（Will to live），因爲要求自己的生存，所以決不能不殺別的生物，所以害人同利己也都是意欲的本相。什麽是生物界呢？便是一個專講殘殺的地方，什麽是人類的歷史呢？也就是一個殺害的紀錄，所以照着叔本華的意思，這世界上本來就沒有道德可講。但是叔本華對於意欲作二方面看，一面說順其自然這就是說意欲的積極化（Assertion of the will），另一面說逆其進行，這就是意欲的消極化（Denial of the will）。屬於積極化的一面，又有兩種，一種是任意欲的自然盲動，便是沒道德，一種是推着意欲去幹，那就是不道德。屬於消極這一面，如能稍稍抵抗意欲，那就是道德；如其能够把意欲打倒，絕滅，那就是出世，也就在道德的上面了。叔本華的本意就是在那意欲造成的世界裏本來沒有道德，換句話說，就是一切都反乎道德的。他以爲這世界裏都是殘害，如有人能够抑止意欲而爲慈悲，那就是道德，所以他以爲道德就是對於受苦者表同情，拿人家的苦痛當自己的苦痛，不應當以爲人家的痛苦與「我」無關。所以他又主張非我，他說我與非我都是影相，人家痛苦我應當憐憫，一切總不能依着自己的意欲去幹那自利自私的事，所以他的主張可以概括如下：

意欲的積極化	（一）自己快樂——無道德可說	
	（二）使他生物受苦，自己意欲發展——惡	道德
意欲的消極化	（三）使他生物受益，自己意欲抑止——善	
	（四）自己苦樂絕慾——超人的聖境	

既是他的善是慈悲，是抑止意欲，是救別的生物，所以他的人生觀已給人家叫做救苦的人生觀了。

現在我們已經說完了他的人生觀，第二步要講的，就是他的暫時的解脫了。這個並不是採用佛教，而是從柏拉圖那裏學來的。

叔本華說意欲的最初發動就是種類，因爲那種類不變所以又叫做種類的恆型(Fxternal type).他用流水同波幅來作譬，好像波幅的長短大小是一定而不變的，但是它的水總是在那裏流動，所以個體一去就不回來了，但是那種類始終是一樣的，好比我死了，個體消滅了，但是人類終是依舊如此而不變的.所以叔本華以爲種類高於個體，對於個體的認識由於官覺，但是對於種類的認識就不能由於官覺了.由官覺得着的知識，是低淺的知識，不由官覺而得着的那就高一級.但是怎樣才可以得着這高一些的知識呢？這有二種方法：一由藝術得來，一由哲學得來.爲什麼藝術是好呢？譬如拿畫圖來說，畫圖的人在畫的時候一些沒有利害關係，他把一切都忘了，在作他的工作，那時候他既沒有我的概念，也沒有意欲的衝動，所以在那時候，實在是解脫乎一切了.不但是畫圖的人在那時候有了臨時的解脫，就是看那圖畫的人們，他們也一定要沈醉在那藝術之中而忘去了一切，聽音樂罷！也是一樣.聽得得意，你就手舞足蹈，一些不知道了，所以叔本華說凡是主動的，不管是什麼，總是不高尙的，藝術的所以好，就因爲它能使人忘却自我而與外物化合成一了。除了藝術有這效力以外，哲學也是如此。因爲哲學這知識對於人們一無用處，所以它對於意欲衝動完全不利，並且它是逆着知識而走的，不是順着的，而它的目的也不過是看看全體，一些沒有用處。既然它沒有用處，所以它對於人們是一無關係。我們如其能够從事這無關緊要的知識，那我們便一定能抛去小我，忘却自身而同眞體相合了，所以它的感化人同藝術是一樣的、這兩樣東西——藝術同哲學——叔本華以爲都能够暫時把意欲停住，所以他叫它做暫時的解脫。他說人們如其不能眞正解脫，至少須得要有暫時的解脫。歸到本體的是叫眞正解脫，回到直接的物體化的理型界是叫暫時解脫。這種解脫有二種特徵，一種是從性質上說，是一個半途的解脫而不完全的；一種是從它的效率上說，是一個不長的，短期的。

這是講的暫時解脫，現在我們得討論眞正的解脫了．叔本華這一說同佛陀完全一樣，他以爲世界所以從本體上演化出來，實在因爲個體的成立，他叫這個做個體原理（Prianipium individuationis）而個體的所以成功，就因爲每一個個體都有它們的生存慾望，有我執，有我見，於是好好一個本體分成了許多小分子，這些小分子都有我執我見因此就打起來了，它們既要打，又不能分離，所以結果便造成了那殘殺的局勢，而不可挽回了．所以眞正的解脫的目的是要使意欲寂滅，並且將個體所以成立的原故消去，那麼個體便不能成立，個體既不成立，其勢一定要歸到那本來的本體了．所以眞正解脫的方法便是消滅意欲，但是問題終究出來了，怎樣才能消去意欲呢？對於這一點，印度佛陀早已講過，不過叔本華拿來成了他自己的學說．他的方法有二個：第一便是習作空觀同穢觀．這話是什麼意思呢？好比說罷，你看了世界上的事像吃大菜，跳舞，喝酒等等，都以爲是假的，空的，並且你假設這都不是好事．你這麼樣想下去，這樣想了許多時候，你自然而然便成了一個習慣，以後你看見那一般事情，一定感着不好，並且立刻就逃開去了．這樣一來，你就不會有那種意欲發生了．所以這個就是絕慾的第一法．第二便是苦行．什麼是苦行呢？這是很淺近而明白的，苦行就是穿破的衣裳，吃壞的東西，住舊的房子．叔本華以爲這種苦行並不是去鍊鍛意欲，乃是去抑止那意欲．因爲他說人們本是好像盲目的馬一樣的，無時無刻不想向前衝動，要抑止那衝動，第一好方法就是虐待(Mortifications)而苦行就是虐待意欲的最好方法，這就是苦行所以爲修道的法門，但是苦行不過是一種方法，他的目的還是要使意欲歸到本體，換句話說，就是把意欲寂滅．苦行的最高級就是斷食（Fasten），他說斷食而自殺，不過是一種愚笨的方法，僅僅消滅了他的肉體而已，但是爲了寂滅意欲而斷食，那是解脫，所以叔本華以爲對的．因爲他以爲兩個自殺中一個是好的一個是壞的原故，這就是說，第一種自殺實在因爲他厭惡他的生活，好像爲了婚姻不遂而自殺等等，那都是意欲的積極化，所以是不對的，而第二種是苦行，以求解脫.他的動機是絕欲，所以是對的.叔本華對於自殺是絕對反對的.而他的反對自殺這一點，同佛陀的意思也是相彷不離的，自餓死就是指着解脫而說的，實同大乘佛教有些出入.總而言之，叔本華的出世方法大概同佛教的小乘大部相同.他的學說根本上是反對快樂論的，但是他帶一些直覺主義同克己主義色彩的.

問題

1. 釋柏拉圖之所謂「事」與「理」?
2. 什麽是柏拉圖所認定的最高的道德行爲?
3. 叔本華哲學的中心觀念是什麽?
4. 叔本華的人生觀是怎樣的?
5. 叔本華的所謂道德是怎樣的?
6. 什麽是眞正解脫和暫時解脫?

第七章　超越論——康德

康德（Immanuel Kant 1724-1804）是超越主義的大代表，而超越主義是主張那世界比這世界好的，但是既不能到那世界上去，所以唯一的方法就是拿這世界改好了，康德以爲改好這世界最好就是用規律來拘束自己，所以他的學說給人家認爲自律論：

康德大部分的哲學都致力在認識論，換句話說，就是研究知識的性質是什麼，但是實際上他的哲學還拿道德問題做他的歸宿．在他那時候，宗教還沒有打倒，而科學也已經出來，他處於那兩難的時候，既不願沒有宗教，又不願沒有科學，因爲單有科學便打倒了道德，單有了宗教便打倒了知識，所以他的學說十九都是研究知識問題，然而他所以研究知識問題的原故也是爲了道德，爲了解決人生問題．

康德在知識方面以爲一切的經驗都是歸於現象的；只有知識的自身的規律足以表現本體界，但是所表現也是很小，至於行爲方面，或是道德方面，反可以多表現些本體界。在知識方面所表現的叫做純粹理性，它表現的方法是拿知識本身的格式在行爲方面所表現的，康德叫它實踐理性（Practical reason）。換句話說，就是本體在知識方面發現於現象界的是先驗的格式，在行爲方面是自律的意志。純粹理性便是先驗的格式，自律的意志就是實踐理性，因爲知識方面一定要等後天的材料，所以他們發現本體是有制限的，行爲方面不等什麼，所以他的發現，比較自如得多了。康德拿知識方面同行爲方面分成爲二，在他以爲在知識裏面求道德，一定是不可得的，因爲經驗界只有必然，但是沒有應然，好比經驗界的火遇紙就燒起來了，這是必然，這是一定的道理，沒有別的可以發生，但是道德上的事，譬如「不可以說謊，」那就是應然，而並不是一定的了。在自然界裏，吾們找不出一些兒應然的事，所以我們可以直截了當的說自然界並沒有道德．自然界既是沒有道德，那麼在自然界去求道德，不是太笨了麼？實在道德的根源是自然界同經驗界所求不到的，而一定要到自然界經驗界以外去求，那自然界經驗界以外的地方，康德叫它做「可理解界」（the intelligible world），意思就是那地方只可以理解而不可以經驗的．同這地方相對的康德叫它「可感覺界」（the sensible world）這也可以叫做超越界（the transcendent world），意思就說它是超乎經驗以上了．康德在經驗上認爲不能够知道外邊東西的本體，現在在理解上却主張說這理性的本身同它的要求已經足以表現本體而有餘，所以康德的「物如」（就是物的本身）在知識的經驗方面是絕對不可知的．而在意志的行爲方面倒可以借着道德的成立而發出一些的表現．總而言之，康德在認識論裏拿現象（Phenomena）同本體（Noumena）分爲二個，絕對的不同，本體雖是發爲先驗的格式，然而只是片面，終究不能達到它的所對，但在行爲論裏由意志的自律使得本體表現而貫到現象界裏去.

康德既拿道德歸到了先驗界,所以他以後便永不談起經驗界同自然界了,道德,在康德的意思,既不歸於自然界,又不歸於經驗界,所以一定沒有具體的內容,而不過是一種格律罷了.可以用在任何地方,並不限於一處,這種格律自身就可以成立,不須要外邊的幫助.所以它一定是無條件(the unconditional)而且自足(Self-sufficient)的.這種自足而無條件的格律,它的存在等於知識上的先驗的綜合判斷.如其沒有先驗的綜合判斷,那麼人們便不能有知識,但於行爲也是一樣的,一定要先有那種沒條件的格律,然後才有道德,道德的所以成立,完全靠着自己所立的自足格律.所以在認識上的純粹理性同在意志上的實踐理性都是出乎一源的.康德用這說法,主張道德是沒有目的的也可以說,道德拿它的自身就當是目的,並不能有以外的目的.眞正的道德,照他說起來,是爲道德而道德,並不是爲功利,爲幸福,爲快樂的.康德又有二個名詞，一個是有前提的訓條（Hypothetical imperatives），一個是無前提的訓條（Categorical imperative），後面是說爲道德而道德，前一個是說爲功利爲幸福而道德等等。

然而這段前提的訓條是從那裏來的呢？康德說：來自吾人意志的自願。詳細的講，就是我們的意志情願自己立了規範來制限自己。康德叫這個做意志的自制（Autonomy of will）意思是說不從外面來規制自己，是從內部來自己定一個規律，所以這樣講來，善意（Good will）就是自己對自己的意志能加以規律，惡意就是不能。然而大家總得問了，意志所自立的規律到底是什麽東西呢？這雖不能有別的具體內容，然而不能不有一個普遍的具體內容。這裏康德以爲道德的成立既是由自己去規定自己，所以道德只可以見於義務的履行，而並不由於性習的。譬如一個人一天到晚救人，而他的救人，便成了一種習慣而不是道德了。因爲這同天天做壞事，以後做壞事就因了他的習慣做去是一樣的.這種東西康德叫它做嗜好(Natural inclination)對於嗜好同義務,其中有很大的區別,因爲嗜好是人們的慾念,而義務是完全意志的自主.義務的定義,就是尊敬自己而對於自己所立的規律一定要實行,道德的定義,也就是實踐義務了.

但是問題還沒解決:到底意志是怎樣的自己拘束自己呢?所立的規律到底是什麼性質的呢?康德對於這個,有很明切的答覆.他說意志所定的規則一定要有普遍的性質,有必然的性質,好比我說人們不該說謊,當然對我是一個規律,然而對於你也一定是的,對於他也未嘗不是的.所以這規律雖然是我定的,其實什麼人都可以用,所以這條件是含有普遍性了,既然這條件大家都能用,都是適當,那麼它又一定含有必然性了.康德又注重自動服從法,他以爲被動服從法不足以爲道德,而道德的要點就在乎:一、主體者的自覺,二、自覺者的自制,但是別人的意志既然也在制立普通法則,那麼我同別人的相交一定要用自制的意志相待遇。康德有句話，大意是說我們待人總得看做目的（Ends）不要當做手段（means）。這樣便可以造成目的國（Kingdom of ends）。目的國是什麼呢？便是有自覺心，自制心的社會。康德設想在那種社會裏，人人都能够拿目的待人，拿人格管理自己，而那個社會是最光明，最平等，最自由的社會了。

現在我們最好再回去講一講：康德是超越主義，他把那世界的道德帶到這世界來，所以照他意思說來，那種不說謊，不偷盜的訓條，都是第二級的原則，都是分支的（Derivative）而不是原來的（Original）所以要研究康德的道德觀我們得先假定道德的等次：

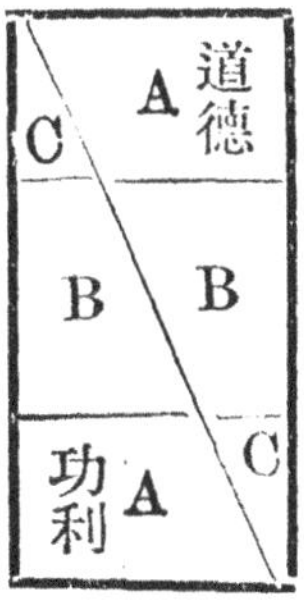

照上面那張圖裏看來，第一級是道德多而功利少，第二級是道德同功利相等，第三級是功利比道德多，快樂論者只看見第三級所以他們說道德倚靠快樂，功利派看見的也不過是第二級，看見第一級當然就是康德了。康德的意思以為第二級同第三級的道德

都是從第一級裏出來的，好像樹木從根裏生出來一樣，而最高的道德便是理性自立的規律由經驗得有利益而證明的不過是次級道德，雖然它也是走那一條路.它們之所以有區別的原故，好比我走到一個地方去，走一條很正當的路，另一個人走去，走了許多遠路，雖後來也能到達，不過他到底沒有我走的好.所以照方向來講，兩個都是道德，但是照它們的動源來說，那一個就不能說是完全的道德.這同繞遠路是一樣的道理.

照着這麼講來就可以明白意志到底能不能自己規定自己的問題，要知道意志所制立的普遍規律用來規定自己的並不是出於意志的亂造，乃是本來有那普遍規律，不過叫意志來把它帶出來，所以康德的所謂理性雖是由自我而實現出來.而實在並不是自我所生出來的，這就是說自我內部的有理性是吾人內部都具有神性，不過這裏的神是指宇宙總體的本體說的，不是說宗教上的神.所以我在一方面雖是拿情感利害做動機，這情慾利害就是「現實我」一而他一方面又拿理性來宰制它，這理性雖叫眞我，其實卻是「超越我，」因爲沒有超越我，那就不能制服現實我，而所謂自己管束自己，就是這個意思，否則拿現實我來管現實我，就好似拿刀的手來斬自己的手，這實在太不通而不近情理了。至於講到意志拿理性帶出來，這是表明意志的自由。

康德的道德論既然說超越界是道德的根源，所以同時一定要有三個信條。這信條是什麼呢？便是預設的定理，這種定理是經驗所不能說明而反要來說明經驗的。康德以爲這種信條是爲了實踐理性的要求而產生的，那就是說，如其沒有這種信條，那麼實踐理性就沒法實施了。實踐理性既是需要這個，所以就不必等經驗的證明而先行可以設定了。這三個信條康德又叫它們做道德上的設定。

第一是自由的設定，也叫做意志自由。康德的所謂自由並不是指那麼亂動一頓，乃是說拿規則由自己加到自己，所以自由同條理相合而不是相背的。

康德這裏拿意志的自制來說明意志的自由,也可以說,康德所以主張意志自己規定自己的原故,必定以意志的自由做前題.因爲,照他說,如其意志不自由,那一定不能自立法度,來加在自己身上,所以他一定要預先設定意志是自由的.但是這意志自由並不見於經驗界上,康德以爲現象界所看見的就不過是因果律,前因後果,總是這樣,所以在那裏面,你簡直找不出一絲一毫的自由,因此在知識裏也就沒有自由可說.在意志就不同了,自身的所欲就是自身的自由,所以自由不能在知識界裏發現,只能藏在意志裏面,跟着意志去發現,因此自由變成只能實踐,而不能够認識了,也因此自由就單屬了意志,而同知識簡直脫離了關係了.所以康德的意志自由論同他所主張的認識限於現象界的說法並不矛盾,因爲現象界雖是絕對沒有自由,而本體界總是有自由的.

第二是不死的假定.這個是根據於道德的我(Moral self)就是本體的我(intelligible being)的,如其道德的我是要死的,那麼我一定是屬於現象界了,因爲生死等等都是現象界的事。道德的我既是在現象界以上，那就不能不假定他的不死，不然道德不能說是由本體界來的，而道德的我也一定不能說是本體界的一部分了。

第三是神的存在的設定。這個的根據是同上一個一樣的。所謂神，就是指着宇宙上最終的本體而說。這本體一定是「最完全的存在者」（the perfect being）。一切具有理性的東西一定都向着那最完善的東西去走到那最好的地步，這就是極善（Summun being）。所謂極善有二個意思，一個最高善（the highest good），一個最完善（the perfectest good），而二個意思在一塊好比我們說好的意思。這個便是一切的目的，不必是最善，凡是良好都是一切的目的，所以極善又可以叫做至高目的，康德以爲要有這最高的目的，而使人人都向着它走，一定非假設神的存在不可。這裏康德的所謂神同亞里斯多德的所謂最後原因（Final cause）是一樣的。他以爲世界上的進化，人類的所以進步都是爲了這最高目的反而言之就是沒有這最高目的的推動力人們便不能進步到如此地步，然而這最後原因在現象界裏又是找不到的．所以從這個世界來講，神實在完全是一種假定，所以假定它的原故就是根據現象的背後一定有本體，人在知識上不能見着本體，在行爲上才足以表現本體，人們在行爲上所表現的本體眞不過幾分之幾，還有許多沒有表現．所以我對於本體的關係變成了全體同部分的關係了，但是我們決不能中止，一定還得去找那全體，既是要找那全體，所以我們假定有神．神是什麼呢？就是宇宙本體的全體，又還是世界上的原動力呢！

這就是那三個信條．但是他所以假定它們的原故，並不這樣簡單，當然還有別的道理．第一他看到道德同幸福在世界上並不一致，有時候有道德的人反而受害，有時候沒道德的人，反又受益，這種眞不能說是有時候，或許可以說是多極多極．所以如是說修德是爲了求幸福，那就把道德的基礎大大的摇動了，果然說修德是爲了求禍害是不通的，但我們可說修德並不是爲了求幸福的．所以幸福同道德應當調和，但是在現在的世界裏，幸福同道德絕對不能調和，既是不能調和，那就該想法，所以康德以爲調和幸福同道德只有在肉體消滅以後．因爲如其道德同幸福始終不能調和，那麼道德的基礎便也要搖動了．因此他一定要設定不死，說人們修德現在不能得福，但是到了彼世界一定要得福的，現在世上的狀態都不過是偶然的，但到了彼世界好壞都要受賞罰的．這是他之所以假定人們的不死，他之所以假定神的存在，都是爲了這原故啊！

問題

1. 康德所認定的本體在知識行爲兩方面所發表的是什麼？
2. 在行爲裏本體和現象的關係如何？
3. 道德的目的何在？
4. 照康德的意思意志是怎樣自己拘束自己的？
5. 康德分道德爲幾級，康德的道德論有那三個設定？

第八章　同情論

(一)休謨

休謨(David Hume 1711-1776)的學說本來大部分是從功利主義裏面出來.然而爲什麽我們不當它功利主義講呢?理由是有的,不過在明白這理由以前,先得要知道兩點:(1)進化論的倫理學同功利主義的關係.(2)休謨同進化論派的關係.進化論的倫理思想就是功利主義的後身,但是進化論的倫理思想同功利主義到底有絕不相同的地方,因爲功利主義的出發點是快樂,所以無論如何不能兼有直覺主義的良心説,因爲他們不能主張合理的愛他是從合理的自愛出來的,也不能主張合理的自愛是從合理的愛他出來的,更不能説它們兩個可以住在一塊而没有衝突.所以如其功利主義一定要兼收直覺主義的良心論，那就不得不採用進化論，因爲這樣就可以說人類生出來以後的行爲都是拿功利來判好壞的，而這種辨別好壞的能力，乃是父母祖先遺傳下來的，因此人類的這種功利習尙就出來了，後來一代一代的行下去到了後來，那後天所習得的功利道德就變成先天的良心了，可見身世所習的功利如是要包涵良心的說法，那一定要採用進化論．功利主義同直覺主義這樣一來便調和了．休謨就是這一派的人，他也並不是純粹的進化論，不過他少許含有一些進化論，那麼爲什麼他也算是進化派的前期呢？因爲他主張道德是由風俗敎化而一些些的產生出來的．詳細些說，凡是拿道德的產生來比種花一樣，種子，發芽，生葉，開花等等，這已可以說是進化論的態度了．並且凡是學說有了一些的進化論的態度便可以歸到進化論這一類，然而這不過照着廣義來說，要知道眞正的進化論，它的中心是在遺傳說．但是這個遺傳說並不是單指着社會的遺傳，並且是講生物的遺傳的，從眞正的講生物遺傳的看來，當然它的始祖是達爾文了,既然休謨的學說是有關進化論,又在達爾文以前,所以我叫它前期的進化學說.

現在我們不必多談別的了,我們得先講他的倫理學說,休謨在他的一本著作叫做人性論(A Treatise of Human Nature)裏面有討論着道德問題的.他所努力要辨明的第一點,便是道德的判斷並不是出於推理.這話怎樣講呢?詳細的說,就是分別好壞定功定罪,判罰判賞,都不出於論理上推論的結果.因爲休謨以爲推理止限在辨別是非眞假,譬如一個算術二加二,那就可以用理性知道它的結果是四.再好比甲比乙大,乙又比丙大,那麼理性便能告訴我們甲一定比丙大,如其說甲比丙小,那麼這一定是判斷的錯誤了.所以照他說起來,理性或理智只能用來發見事實界內的條理,好比因果關係等等,所以這裏面只能有正確,對不對,並沒有良壞善惡這種東西的.再說得透明一些,便是理智的所對是一個實然的世界,並且他的所能也只能在這實然的世界裏發見它的然，所以然，對，所以對，錯，所以錯等等．然而決不能找到應當不應當的問題，因爲實然的世界實在沒有什麼應當這一類的東西．所以休謨的開頭說法，就把理知的能事限在實然的世界裏，而對於應當這些問題一概不能爲力．好比這裏有一個小孩，掉在井裏了，旁邊一個人把他救了起來，那麼大家一定要稱讚那人的見義勇爲，但是如其你問爲什麼見義勇爲的行爲可以給人稱讚呢？那麼理知給你的回答一定是沒有的，因爲它實在不能回答這問題．

理知既然不能夠判斷道德，又不能知道應當不應當，那麼吾們的判斷好壞，道德不道德，到底照什麼，靠什麼呢？休謨以爲是情感（Feeling或Sentiments），情感這東西同理知是大不相同的，它是柔和的，又是敏銳的．並不是像理知那麼冷酷同乾燥的．所以道德上的好壞，不是由理知的推斷，乃是由於情感的召感．吾們對於人家的品行做事，有時感到很舒服，有時感到不舒服，這是爲些什麼呢？這就是道德的來源；凡是我們感到舒服的就是德，凡是我們感到不舒服的就是不德.他有一段話說:『世界上的人看見了高尙豪俠的行爲,沒有一個不起一種佩服的情感的,世界上的人看見了殘忍詭詐的行爲,也沒有一個不起討厭的情感的.世界上的人受了人家的敬愛,沒有一個不起感激的情感的,所以最大的苦痛就是强迫着你同你討厭的人做朋友.』所以我們照休謨的話可以說那種舒服的情感就是豪爽溫和寬厚勇敢聰明平正誠實節儉忠愛孝悌仁慈堅忍恭敬健全勤勉等等.凡是這些對於我自己能够起一種舒服情感的,對於別人也能够起同樣的情感,又可以說凡是使我自己舒服,就是對於我自己有利益,這個有利益,並不是說有益處,是說同我自己很相宜,所以德這東西,對於我也適宜,對於人家也都適宜,好比說是誠實吧,當然誠實的人自己是受益,但是別人看了也很快樂,舒服.所以休謨以爲好壞就等於讚同罰,所謂好,就是可以稱讚的意思,所謂壞,也就是這事可以責罰的意思,可以賞讚的,就是善,而凡是有可以稱讚的性質的就是德,反面說起來,就是可以責罰的,就是惡，而凡是有那可以責罰的性質的就是不德，所以講到德，講到好，第一它們的標準就是對於自己同他人有益；第二就是可以使人們起一種快樂舒服的情感。所謂舒服，休謨叫他做Agreeable。別人的做事，我也許感到舒服，也許不舒服；我的做事，人們也許感得舒服同不舒服，如其我變了別人，別人變了我，他們看那同樣的做事，一定也感到那同樣的情感，那同樣的情感便是人同我的共同點，而那共同點就是世人所認識的道德。再申說得明白點，人們對於我的行爲的讚罰，以及我對於他們行爲的讚責，一天一天的把它積起來，到了有一天把所有的賞讚的責罰的總計起來，刪了它們的小不同，取了它們的同點，那麼便成了幾項，這幾項便是世界上人們的所謂道德同不道德了。所以老實說休謨的有益，舒服，賞讚，德，好，都是一樣意思。因爲它有益，所以它能夠給人家以舒服的情感；因爲它有舒服的情感，所以它值得賞讚；因爲可以賞讚，所以是德，因爲是德，所以就好。

休謨對於道德的起點，是有益；所以從有益講起來；他實在不能不算是一個功利主義者．但是他說的要點還在同情心(Sympathy)．他拿了同情心來成了他的功利主義，他的功利主義因此不能算爲純粹的，因爲他的功利學說是拿同情心來做立脚點，並不是那同情心拿功利主義來做立脚點的，因爲這個原故，所以我們只能說休謨是拿功利論同同情心論兩相並論，並不能說他是功利論．但是什麼是同情心呢？我們再看下一節罷！

在休謨的所謂同情心，並不是一個神祕的東西，好比說有一個人在路上看見了一個窮小孩，他就給他許多錢，這就是同情心，而這同情心所以起來的原故就因爲做人能設身處地．假定的說，也許那人從前是貧苦出身，也許他從前也是貧小孩，受了人家的搭救而出頭的，所以當他看見窮小孩的時候，就回想到他的從前，並且想到那小孩一定受着很大的痛苦，所以他才發出同情心而去振救他．所以照休謨講來，所謂同情心的發原還是苦樂的情感，自己有了就樂避苦的情感，因此推到別人；所以同情心其實就是同感人有苦樂而我設身在他的地位去設想，所以同情心又可以說是自愛心的聯想。自己處此境而感苦痛，則推及別人的處此境也一定要感覺得痛苦。自己感覺苦痛的時候想要避免它，因此推到人家苦痛的時候也一定想要避免它，所以當他一天看見人家處的地位同自己從前處的地位一樣，他立刻就能推想到人家到底是痛苦還是快樂，而所以曉得人家的苦痛同快樂同人家也要避免苦痛這些都是拿自己做出發點。所以休謨說同情心實在是出於自愛自利心，起初的時候不過是人家的心，我去猜度猜度罷了，到了後來，所猜度的却是對的，因此使得自己所感同別人的完全合成了一個；所以那時候已經不單單是猜度，實是拿人家的心比着自己的心，人家快樂，那我也快樂；人家痛苦，那我也痛苦。俗語說得好，「一人向隅，一室爲之不歡。」這就是說，他人的所感，變成自己的所感，所以一個人不樂，一屋子裏的人都不快樂了。這上面講的都是休謨在他那部人性論裏講的.後來他又著了一部書叫道德原理問題,這裏面講的已經稍爲有些不同.他以爲自私自愛心同同情同感心是都出於一種自然性情,不過後來分別發展出去的,這種自然的性情不很十分明白,說它是完全自利也可以.這樣說來,休謨的後說,同前說似乎有些不同,其實它們根本還是一樣的,不過稍爲修改一下子,改少一些誤會罷了.但是這裏我們還須得明白所謂從同情心出來的自愛心,並不是說已經發達完全的自愛心,不過是指着最元始最初樸的自愛心說的.大凡人們對於世界經歷得越深,他的自愛心,便越發展得利害,但是自愛心增長,並不能一定說同情心也增加.休謨因爲明白了這一點,而用後說來更正一下前說的錯誤,這種修正最重要的意思便是同情心到底在那一個時候出來實在很不容易斷定.人們生出來以後,並不是單知道自私自利,所以說同情心的起源很遠也未嘗不可以.雖然同情心的起源不可得而知,但是同情心以後的發展滋長都可以曉得,大概總不外乎(1)由於教育(2)由於風俗社交等等．我們現在先從教育來講．我們的先生們小時候總是教我們要孝親，愛朋友，見義勇爲與不要闊私見等等．這是爲些什麼呢？這就是要助長我們的同情心．孝親也好，愛朋友也好，孝親就是使你對你的父母表同情心，愛朋友就是對於朋友有同情心，所以我們教育裏的德育實在助長我們的同情心不少．第二從社會風俗來說．我們人們差不多每一舉一動都是有人在那裏批評，指摘．好比一個鄉下人到了市政修明的都市裏來，他一定不敢還在街上小便，這是什麼道理呢，就因爲他不願意小便了，給大家駡他沒有公德等等．所以不論是那一件事，只要是大家稱讚的，那做的人一定起勁去幹，再說，不論是那一件事，只要做了，大家都唾駡的，那一定沒有人去幹，就是幹的人下一次也一定改了，這個完全是人情，一無別的深奧道理，但是只要它是人情，它已經能夠把同情心增加．在從前野蠻時代，人們大家各管自己去找吃的住的，現在呢，人們簡直不用手專用機器了．所以這一種同情心的滋大實在都是環境造出來的，社交上的勸獎，風俗上的拘束同教育上的誘化，把同情心發展得很大，當然一方面是環境的力量在那裏轉移，那一方面又有功利的力量在那裏推動。風俗呢，崇尚這種同情心，教育呢，培植那種同情心，而有同情心的，大家都稱讚他，因此他本人也覺得心理快樂，那輩沒同情心的呢，既給大家罵毀，既沒道理，又不快樂。所以休謨雖是說同情心是道德的胚子，但是它的滋長發展，大部還靠着功利，這功利又發源於快樂。詳細來說，就是推進同情心就可以使得本人得到利益，得到了利益也就非凡的快樂了。所以照功利論來說，休謨也不是純粹的功利論。在快樂論一方面看來，他也不是一個純粹的快樂論者，他不過是說快樂同功利可以進展同情心，而同情心呢，也就是快樂同功利。同情心愈是增加，那麼所得到的快樂同功利也更多，而功利呢同道德是一致的，雖不是道德的來源，實在是道德的歸趨。從這一點看來，休謨倒也可以說是快樂論或是功利論者了。

現在我們再談他的功利論．要知道休謨的論同情同功利都是拿人在社會裏面做前提，因爲只有人們才有合羣的需要，所以有德同不德的問題．其實這德字很不容易講，英文是 Virtue，但是希臘字卻叫做 Arete，這個希臘字如是翻到英文應當作 Excellence，如是翻到中文應當作優點．這優點可以廣涵一些，大概可以有兩層意思，一個是因爲自己有益所以才叫做優，一個是因爲對於大衆社會人羣有益所以叫做優．好比說身體强壯，那是對於我自身有益，所以是第一種的優．再好比說勇敢，那是對於社交有益，所以是第二種的優了．但是有的可以兼有兩個優點，而且凡是德大都是這樣的，因爲直接對於自己有益，間接上就影響社會，好比說是聰明，當然在我自己是有利的，但是我聰明了，也可以幫助人家做事，所以間接上就影響到大衆都有益．照這樣看來，凡是叫做德的，沒有一個沒有優點的，雖然優點有兩種，對於自己同對於社會，但是它們的旨趣都是在使得這社會得許多的利益．所以照休謨說起來，道德的胚子也許在沒有人類以前就有了，但是道德的進行不能不說是同社會一同開始的；所以講起道德總拿社會做前提，便是這個原故．休謨這一點看得很明白，他以爲德有自然的德同不自然的德（Natural virtues and artificial virtues）．自然的德是什麼呢？就是天賦的性格，也可以說一個人處在社會裏面他的本來的天性，可以使得人們或是自己受益，那就是自然的德；所以有自然的德的人對於自己說，便是有社會健全份子的天資，對於社會來講，那便是他有易於合羣的天性，雖然這自然的德是天生有的，也是有了社會才發見的，假使沒有社會，那就沒法表現了．休謨又以爲吾們有這種天然宜於合羣的性格，所以吾們彼此相互間對於這一種的性格有所賞識，一羣人裏面，我在裏面看着一個個的品德，眞好比看圖畫展覽會的看客一樣，看畫的時候，看見好的，一定覺得非凡的快樂，看見畫得糟的，一定不願意去多看它，對於人們的品德也是一樣的，看了好人，同一幅好畫一樣的使人快樂，壞人呢，不但看了不快樂，還要像看見蛇蝎一樣的逃開。這一種感覺休謨叫它道德感（Moral sense）。這名詞是同直覺論沙甫志培來是一樣的。不過休謨這道德感便是道德最終的概念，他以爲我們所以有這種感的原故，就因爲它對於人類的發展有益，是以凡是使人看了快樂的，一定便能助人們發展。這說是拿直覺同功利兩個暗合。所以凡是對於我自己或是別人有利的，那一定能使人快樂，凡是能使人快樂的，又一定能使人類發展，這還不過是說自然的德。關於不自然的德他更說得明白。他以爲這不自然的德便是人造的，又可以叫做人做的德，這種人造的德是因人類有了社會才產生出來的，這些都是風俗所造成的，教育所造成的；所以都是關於構成社會的必要條件，而並不根據什麼天賦的性格的，所以這種德完全是適應社會而產生的，是社會的產生物，照理又可以叫它做社會的德（Social virtue）。因爲如其沒有這種社會的德，那社會便不能保持它的安全。但是這種德既是如此重要，它叫什麼名字呢？休謨以爲這種德便是公正（Justice）。好比你在耕田，耕了米麥，後來賣成了錢，這當然是你所有，如其我來把你勞力得來的錢搶去，那就是不公正．外國對於公正，都看得很重要；他們的意思便是各得其分，同中國公正二字的含義不很合，不過因爲普通用慣了，這裏我還得採用它．休謨以爲這公正的德，便是人們互相的正當分際，是經過了社會成立長期的教訓才有的．他先講社會所以成立的原故，同社會的需要，他說獸們都有皮毛來禦寒，有利齒猛爪來捉東西吃，只有人沒有．因爲人們怕給它們欺侮才建立社會，你們造房子，他們種菜，我們織布，大家都有得吃穿住，所以社會一成立，各人單獨不能達到的慾望，都能够一個一個的如願以償，所以雖然社會是自然而然的成功的，但是它的背境實在是有利害關係．人們雖然靠着社會生活，有時候他也要感得社會對於他太是拘束，因此他便要想逃出這社會．不過如其有幾人一脫離社會，那麼大家一定要跟從，再一跟從，這社會不是便解散了嗎？於是休謨以爲要使得社會不解散，最好便是要使得人人都要有公正的德，這公正的德並不是生下來便有的，却是要考慮了以後才能得着，因爲如其人們在社會裏不知道他們各各的正當分際，那麼他們一定不能住在一塊，並且要打爭起來因爲不要使他們打，不要使他們爭，所以才組成社會，建立國家，還設立法律。休謨在這裏採取契約說的精神，以爲這樣就可以使得人民在不知不覺的當中大家讓大家，在這大家讓大家的當中，大家都能够有他們應得的權利，同應盡的義務，合着權利同義務，那就是所說的公正了。人們既要公共利益，又要拿公共利益來使自己得利益，那麼如不公共就沒辦法了。休謨所以叫做人造的德是說這是社會交遊的結果，大家都覺悟，不是公正那就不成了社會，沒有了社會，那就不能使自己慾望達到，所以這公正的德的表現同財產以及不論是什麼却有密切的關係。大凡原始的社會，一切都沒有弄得明白，我的你搶了去啦，你的他拿了走啦，這種社會便沒有公正，也可以說是公正還沒發達的社會。但是這裏休謨以爲社會以前的自然狀態就是强奪弱的那一類事決不能延長，所以他說有了人類就有社會；而沒有社會以前的狀態，既然社會同人類一同起始，而公正又是人造的德；所以公正的起始實在很是遠的，並不是由契約而突然生出來的.

現在我們可以結束了，休謨的學說有四個要點：

一 進化論 二 直覺論 三 同情論 四 功利論

但是他對於道德感是什麼，却沒有說明，要補充他的說數，接着我再講斯密斯.

(二)斯密斯

斯密斯(Adam Smith 1723-1790英人)著了一部書叫道德情感論(The Theory of Moral Sentiments, 1759)這部書全篇都從人情立論，舉的例子也很多，當中差不多都是充滿了常識.他對於各派學說的批評也很得當.他承認屬於智一方面的考慮等等當然是道德判斷所不可缺的，但是說它是唯一的原因倒也不可以．他又承認道德行爲完全是拿情感作動機的，在情感裏面，大部分差不多都是自愛，不過你也不能說愛他這種情感是間接的自利，並且時間也是很短的，因爲人們實在是有純正的愛他心的．所以拿他的理論同休謨一比，就覺得休謨比較近功利論些，他是比較遠功利論一些．他說吾們人對於道德行爲就起一種快感，並且要稱讚它，但是要知道這種道德行爲雖是同功利常在一塊，但是並不是因了功利的結果而發生的．所以這一種賞讚的快感是完全無關於利害的，說得明白一些，就是吾們所以看了勇敢仁慈這種德而愛它讚它，並不是因爲那德可以使社會受益，而不過是爲了德的本身而發的，反轉來說，就是我們所以看了無信貪賄等等而不高興厭惡它，並不是它可以使得社會不好，不過是爲了那德的本身．休謨這一點同斯密斯是不同的：休謨說這種道德行爲同功利是一致的，所以人們的稱讚它也與功利不謀而合的；

斯密斯就不同了，他以爲這種道德同同情心的表現相一致，但是什麼是同情心的表現呢？那就是說同情心有一定的程度，斯密斯對於這種程度，以爲一個可以叫做適當（Propriety），一個可以叫做不適當（impropriety）。好比這裏有甲乙兩個人在我的旁邊，他們起頭很好的談着話，忽然一會兒甲立起來將乙大打一頓，我在那時候看見乙給甲打了一頓，一定要氣起來，並且打抱不平，這時候我同乙就表同情，但是沒一會兒，乙拔出手槍對着甲就是一槍，把甲打死，那時候我決不能够同乙再表同情了，因爲乙的行爲實在不足以表示同情了，也可以說，我拿剛才對乙表的同情，移來對甲表同情了，因爲同情心只有在適當的時候才能喚起來，好比我先看見乙的受侮，我自然而然心裏就同他表同情，不表同情我就感到不舒服，所以我對於我自己的表同情很引爲適當，後來我看見乙把甲殺了，如其我還說乙對，那就完全是偏心了，並不是自然的，而且也不能說是同情心。所以斯密斯以爲拿自己設身處地來解釋同情是最得當了．好比我看見乙的被辱而動怒，就因爲如其我是乙而處在那個地位，也一定要動怒的，因爲乙怒了，我也怒，那便是兩情相通，也可以叫做善相感，只有兩情相通才可以說是同情．我們再用那譬喻來說，因爲我處在乙的地位一定要憤怒，那麼乙的憤怒實在是適當的，但是後來乙把甲殺了，那時我就想到，如其我是乙，一定不如此做的，那就是說乙的這一着是錯而不適當了．所以適當同不適當可以用在兩面：一方面同情者，一方面被同情者．拿同情者的自覺適當可以證明被同情的行爲是適當．又拿被同情者的動機適當而引起同情者適當的感，這都是用兩情相一致或是不一致來定奪．總之在斯密斯的意思，不外乎說我們同情心的表示有恆度，我的行事如其太過了，那麼人家的同情心也消去；我的行事如是不及，那麼人家也不起同情心．這一點斯密斯是指着大體，也許可以說統計而言，並不是指着某某事某某人某某同情者說的．譬如甲無緣無故拿乙打了一頓，有一萬個人看見那件事，其中也許有一兩個人不表同情心，但是我們決不能說這件事不引起同情心的，也不能說這所起的同情心是各人各人不同的，因爲這一萬人當中一定大多數都是看了甲的蠻橫而抱不平的，這一點也可以說明同情心實在是有恆率的。斯密斯就拿這個叫做「設想人」（Ideal person），也可以叫「設想旁觀者」（Supposed spectator）。因爲我們各人心理都有拿「普通旁觀者」（Normal observer）來評判自己行爲的傾向，好比我出去，決不肯在路上小便，就因爲我心裏常想着有許多人在我的旁邊看着，如其我要小便，那便要引得旁邊的人都來譏笑我了。所以照斯密斯的話說來，吾們人實在每人有兩個我，一個是行動的我，一個是評判的我。我們的一舉一動都好比有人在旁邊監視似的，這旁邊監察的人實在是我心中自己造的，因爲自從有了社交以後，一個人的行爲差不多都同別人有關係，因爲着利害關係，所以大家都不敢妄動。我做一件事，一定常常要注意着他人對我的好壞，人家做事，也一定要參考我的毀譽，所以人家同我都是息息相通的．我的一舉一動都連到人家的毀譽，到了後來，就成了習慣，雖是只有我一個人，也好像旁邊有人在那裏注意着的一樣．所以在那時候起了一個念頭，一定有第二個念頭來想想第一個到底對不對，如是對的，那麽立刻就去做，如其不對，立刻也就改了，所以也不用人家來批評了．照這樣下去得長久了，便成了第二我，這第二我對於第一我的行爲，如其是有益於社會的就幹，如其是無益於社會的，那就不幹．這第二我又很公平的，不拿自己的利，看着比別人的利來得重．我們再用剛才那例子來講，當甲拿乙無理由的亂打一頓，那乙一定很憤怒，如其甲是打的丙，那丙一定也要憤怒，所以在乙的心中想來，一切的人給甲無理由的打都要憤怒的，所以他的第二我，便告訴第一我說：你的憤怒是應當的．再好比說如其乙要拿手槍殺甲來報仇，他先想一想到底是該不該，那麽他的第二我一定又要拿世上人做標準，他一定想想世上的人在那地位是不是都要用手槍報復的，結果他一定要說，這是不應當，不該做的，所以這第二我對於行爲有管束,而第二我是出乎同情心的.同情,就是善相感.人的天性所以同野獸們不同,也就在這一點.所以一屋子裏人只要有一個不快樂,那大家都不快樂,「稚子調笑戾夫破顔」這二句話眞把那同情心形容得淋漓盡致了.從這一點看來,休謨同斯密斯又是不同.他以爲人家同我的相感,乃是情的易地而合,並不一定要限在見於行爲上的,因爲人的同情心是非凡的敏鋭,如其我看見一個人死了父母,他兒子還沒哭,我倒先哭起來了.斯密斯以爲見着人家悲傷而自己也就悲傷,照悲傷講,當然是一件苦痛,但是我看了人家悲傷而自己不能悲傷,那種不舒服實在更是厲害,比悲傷還厲害,這就是上面所説的適當不適當,但是同快樂論的宗旨是不相同的.所以我看了人家悲傷而自己也悲傷,是拿我的情感去平衡人家的情感,如其相合,它就適當,如其不相合,那便不適當.所以我同別人的當中完全是情感關係,而同行爲是無關係的,也可以説同情心的表示並不是贊同他的行爲,而不過是因爲情感同他相同.這也就是斯密斯拿同情的恆率來定道德的本意了.

我們已經明白了同情第二步我們便要解釋他對於道德上的功罪說了.他以爲道德上的功罪就是就旁觀者的表同情於受同情的而講.這話似乎不很明白,說個例罷,好比有兩個人一個人掉在井裏了,那一個人把他救了起來,當然那人對於救他的人很表感謝,那時候旁觀的人也一定因着那人的感謝而感謝,這種感謝其實不過是一種敬仰(Gratitude),但斯密斯以爲這便是道德上的功(Merit).道德上的罪則相反,好比乙把甲打了一頓,那甲當然是恨乙,在旁觀人看了這事,也一定恨乙,那就是罪(Demerit)了.這一類的事都不是指定着某事某人單獨而說,這應當指着一般普通的講的,所謂旁觀人,也是普通人性(Average man),不是有特別性格的一輩人們,他們只是在中率上的,他們的性格大概都相差不遠,因此斯密斯便叫他做設想人.當那種人做旁觀者的時候,那就叫設想的旁觀者,功罪,所謂道德上的好壞要靠着這種人來判定,同情的適當不適當也要賴他所以斯密斯學說的中心完全在設想人這個名詞了.

但是設想人究竟是什麼呢?這回答是就是第二我,平常叫它做良心(Conscience).他以爲我們的一切事情,不論是什麼,只要按着這良心的命令去幹,沒有一個不得當的,所以他又叫這個做同情的訓令(Imperative form of Sympathy).他以爲這同情的訓令又是跟着時代變化的,也可以給文化教育所改變,好比說罷,從前人們打仗,一些沒有人道(Humanity)的概念,當然這一族的人死了自己人總有些悲痛,但是對於別一族的人就不同了,捉來殺了他們也並不可憐,現在時候就沒有這種事了.就是兩國開戰,也不能無緣無故的亂殺俘虜,這件事可以說是一個很好的比喻,在從前殺了別地方的人一定不算是錯,還有人說他勇敢,假使現在的人他就不敢如此,因爲他自己就把自己管住不許殺人.這一點可以見得第二我可以視時代而變遷,不是固定的.

既是第二我不是固定的，他不過是當時的風尚同精神，所以這第二我簡直可以說是外間的輿論對於自己心中所投的影子罷了．所以又可以說良心監責說同輿論左右說是一件東西，外面講起來便是輿論，裏面講起來，就成了良心，所以這二個東西實在是一個東西在二方面看，可以說是循環無已的．

問題

1. 休謨如何調和功利主義與直覺主義？
2. 休謨認判斷道德的根據是什麼？
3. 休謨謂道德出於同情心這同情心又從何而來？
4. 個人與社會在休謨道德論占何地位又什麼是不自然的德？
5. 斯密斯之說受他心與休謨同否？
6. 照斯密斯說實際評判我們行爲的是什麼人？
7. 試述斯密斯對於道德上的功罪說？

第九章　進化論——斯賓塞

斯賓塞(Herbert Spense 1820-1903英人)的學說實在是達爾文以後講進化倫理學說,講得最好的了.他的思想方面很多,哲學、社會學生物學、政治學、心理學都有,然而他在倫理學方面講的最好了.

斯賓塞的道德論完全是拿生物學做出發點,所以他叫他自己的倫理學做「科學的倫理學」(Scientific ethics),然而在我看起來,實在是出於一個哲學上的假定.這個哲學上的假定是什麼呢?我們可以從他所著的最高原理(First Principle)當中找出來.他在那本書裏說過他的哲學上的意見,以爲吾們人的知識只能拿相對的做對象,但是對於絕對的那就不能算在我們知識的範圍裏,因此他把這界限劃清,一邊叫做可知界(The Knowable),那一邊叫不可知界(The Unknowable)哲學的原理並不是要拿知識去擺在不可知裏乃是要在這可知界裏去尋找一個普遍法則或是統一原理。所以斯賓塞不注重在那種不可捉摸的本體，而只注重在現象界裏的條理同法則。他在那現象界裏結果找出了一個法則叫做「進化，」這進化的法則到底是什麼呢？大概有三點可以說：第一是集中（Concentration），好比細胞聚在一塊成了一個組織，許多組織在一塊做成器官，許多器官再做成系統；第二是分化，也許改作異化（Differentiation）好一些，這就是一個動物各部份，有各部份各種不同的器官；第三是確定（Determination），好比手脚一定是屬於一個動物的，不能獨立的。這三點用普通話說起來，就是（一）散的聚在一塊，分的成了一堆；（二）純粹的變了雜亂，一樣的變了不同；（三）普通的變成一定，混亂的變成分開。所以所謂進化就是普通，一樣，零散的狀態變成了一定，各種，一堆的狀態了。所以照他講來世界的起頭，只有純粹物質，並沒有別的，並且大家都是一樣的，也沒有差別，雖是散亂，但是性質上並沒不同，雖是許多，但是沒有什麽體積的。這一種設想對不對我們當然不知道，所以現在也不用去講；但是他以後的推論都拿這一點作出發的根據地。他以爲既然世界上的原始狀態是像他所說的那樣，那麽宇宙實在不外乎只有「物質」同「動力」兩件東西罷了。從這點看起來，斯賓塞老老實實的是唯物論者，不過他的唯物論所以同別人的唯物論不同就因爲他的立場是進化論，而不是機械論。而他的對於倫理的學說也採取一樣的態度。

他以爲道德是起於行爲，好的行爲便是道德，不好的行爲便是不道德。他的道德完全限在行爲方面，所以我們既要明白他的倫理學說，我們當先從行爲講起。說起行爲，那實在是很廣闊的一句話，樹吸水以長葉，這也是行爲，我在這裏動了一動手，也是一件行爲，鳥在吃蟲子也是一件行爲，實在行爲是很多很多。斯賓塞以爲要論行爲，得拿物理現象上的行爲，同生物現象上的行爲統而觀之，若是單單拿人類行爲的一部分關係道德的來論道德，那一定不是完全的所以他第一點便是說「普汎行爲」(Conduct at large)，又他也主張倫理學不能離着這個獨立在行爲那字上，我們再看物理學上面叫它做運動(Motion)，生物學方面叫它動作(Action)，本能方面看來是作爲(Behaviour)，在有意的舉止又叫行爲(Conduct)，這許多看起來有各種名詞，在斯賓塞以爲這便是行爲，各種名詞都是行爲的變相。現在我們可以明白他所說的進化了。好比動作，作爲等等都是行爲這一東西進化出來的。從物理學上面的動作，進化到生物學上面的動作，這是行爲進化的第一步；再從生物學上面的動作，變到本能上的作爲，那是行爲進化的第二步了；再又從本能上的作爲變到有意的作爲，這就是行爲進化的第三步也是最後一步了。所以依照斯賓塞的意思，不應當拿屬於道德範圍的有意行爲算另一種，應得放在那進化的途程裏，看定它所在的地位，因爲不這樣，那就不能知道道德究竟是什麼東西。照這樣看來，在倫理思想上斯賓塞實在是一個極端的自然主義(Extreme naturali.t）者了.

他又拿他的由散變凝,由純變雜,由汎變定的進化法則來應用到說明行爲的變化.他說從無機物變到了有機物,這便是進化法則;從原始生物變到了高級生物,這也是進化法則;從單有感覺的生物變到了能夠思想而有理解的生物,這也是進化的步伐呀!斯賓塞這種的進化法,實在可以說是世界上事物由來的軌道.假使說那進化法是推動力呢,那便是說世界上的東西都是給它所指揮,這似乎近一些機械主義了.假使說進化是有定的,那就好比說世界上東西都好像預定着似的,這便同目的論相合了.斯賓塞的論道德法便照着這個法則,以爲行爲實在是進化來的,從無機物的物理運動依照了這進化法就變成了生物的有機動作,再從生物的有機動作依照了這法則又變成了人類的本能行爲,從本能行爲又進化乃變到了人類的有意行爲,最後又從有意行爲變化,那就成了道德行爲了.所以在斯賓塞看來,道德完全是從進化裏面出來的.在現在時候來說,可以說是道德行爲是行爲進化途程裏面的最近一段.在產生一方面說,它的祖宗實在遠極遠極.在它所以成道德的一方面說,它實在是以前行爲的目的.因此斯賓塞的講道德是用機械主義來說道德的由來,又用目的主義來說道德的成立.再說一遍,便是在機械主義一方面說,道德的產生實在是必然的結果,好比走沙漠一定要騎駱駝一樣的,在目的主義那一方面講來,就是道德的所以成立,好像自然而然的裏面已經早就有了預定的方向,所以人類的有道德也可以說是本來如此不足矜貴,也可以說在這進化的最後一級是很不容易,已經很可貴了.

斯賓塞現在拿他的進化論說明了萬事萬物所自出的地方,那麼我們一定要問他爲什麼這許多東西都要按着進化法則出來呢?他的回答是:宇宙本體雖是不可以知道的,但是總是一個自己保持的力(Self-maintaining force),這保持的力總想保持自己,但是又不能保持,所以發生了變化,變化到一個地方，到那地方它就能保持了．不過到了後來它的保持力又不能保持了，因此它又不得不再變了，這樣的一直下去，於是就從散的變成凝的，純的變成了雜的，普通的變到一定的，差不多每一變都是如此．因此到了後來，就成了雜亂的一定的一塊的東西了．然而這種變化完全是合乎自然之勢，因爲越是雜亂、一定等的東西便越有保持力來保持．什麼是自己保持呢．換句話說，便是自求生存．斯賓塞以爲一切東西都是怕給人家毀了，並且自求生存，因爲要自求生存，所以不得不變，變也就成了他所說的進化．老實說，進化是完全因了自求生存而出來的．這一點斯賓塞並沒有公然的說自求生存便是宇宙的本體，但是他實在以爲一切東西都有那自求生存的趨向，而在生物界上更容易明白，因爲它所研究的便是「生」的問題，如何「生」，「生」如何繼續「生」；「生」所以照斯賓塞看來，生物的行爲所以由機械運動變到有機運動，再從有機運動變到有意行爲的原故，無非就是要使生命擴充延長罷了．所以行爲的目的便是生命的擴長，但是生物的做這目的並不是自覺，而是自然而然的，這樣一來它就定下了道德上好壞的標準。他說一切的生物，凡是它的動作能夠達到它擴長生命的目的，那就是好，並且凡是行爲能夠使得生命延長擴充的，也就是好的行爲，道德行爲，不能夠的便是不好行爲，也就是不道德行爲。所以好壞的分別只拿生命的目的來判定，順着生命的目的而把生命擴充延長的，那便是道德上的好，逆着生命的目的而把自己的生命破壞，那便是道德上的壞。這道德上的好壞，不一定只適用在人類，可以適用在任何有生命的東西上的。斯賓塞又以爲，我們平常所用的好同壞都有這種意義，好比這裏有一把刀，我們如其說它是好刀，那一定因爲它能夠很快的削東西，所以削東西便是我們的目的，現在這目的能夠達到，所以這一定是好刀了。現在我們先抛去一切來談我們人類，斯賓塞以爲我們人既然是生物，那麼我們一定有那自然的目的。這自然的目的便是上面講的生命的擴充同延長，凡是能達到這目的的便是好。再說一遍，所以好的原故就因爲它能使生命擴充延長，這一點同直覺論大是不同：斯賓塞看好壞不過是一種作用的標的，直覺論看好壞，說是一種不可分析的概念；斯賓塞的見解是從作用上講，所以是職司論的（Functional），而直覺論是取實在論的見解，可以叫做實在論的（Realistic）所以他的學說實在是生命一元論的道德觀，拿生命來定道德上的好壞善惡，所以成了他的助長生命即是善，摧殘生命便是惡的概念．因此他說人們所以有道德，完全是因爲要助長生命，然而要助長生命不單單只有人類，所以他說生物界都有道德，就是種類上有些不同罷了．

現在斯賓塞的生命一元論同快樂論又相合了．他以爲快樂同幸福是完全一件東西，而他所說的幸福，就是生命上的引滿．但是什麼是生命上的引滿呢？我們知道生命在橫的一方面求它的擴充，在縱的一方面求它的引長，因此凡是又擴充又引長的時候，便就是生命引滿的時候，在那時候我們也就感覺了快樂.反過來說,生命不引長不擴充的時候便感到苦痛.因此我們可以說凡是順着生命自然趨勢來達到生命的自然目的那就是快樂,凡是逆着生命的自然趨勢並且不許它達到生命的目的那就是苦痛了.所以在斯賓塞的意思,快樂同苦痛並不是眞的兩件東西,不過是對於生命的引滿同不引滿的兩種感覺,也可以說不過是生命引滿不引滿的一種表記.但是爲什麼我們要拿快樂來代表生命引滿,拿苦痛來代表生命不引滿呢?在自然界一方面回答,可以說是這是天然的,並沒有問爲什麼的道理.在生命一元論那方面回答,可以說是生命所製造的,生命所以有這種表記的原故,是爲了便利,同野獸們生了堅皮厚甲要利於自求生存是一樣的,人們的所以有快樂,有苦樂,也就是爲了便利,好比眼睛是用來看東西的,但是也可以看敵人,耳朶是聽聲音的,但是也可以拿來避險,嘴是用來吃東西的,但是也可以滋養身體,鼻子是辨別味道的,因此它也可以防毒.這一類天成的東西對於我們人都有用處,都用來助長生命的生存．苦痛同快樂也是那樣．天所以使我們有快樂同痛苦的感情，就是使我們能够知道這事同生命到底有益沒益，有益於生命的一定感到快樂，無益於生命的一定感到苦痛，因此生物們便成了唯快樂是求了，不管什麼只要快樂就好，苦痛便走開去．當生物們去求樂或是去避開苦痛的時候，在他自身不過想到這是快樂，或是這是痛苦，而並沒有想起苦痛可以摧殘生命，快樂可以引長生命．但是這並不要緊，因爲苦痛同快樂已經能够判定一定，不必一定要想到生命上去．快樂論的人只知道快樂是人生的目的，但他們並不知道爲什麼快樂是好的，爲什麼吾們人要向着快樂走．現在斯賓塞把這一點完全講明白，他以爲人們的求快樂，並不是眞的要求快樂，乃是因爲快樂是生命引滿的表記，而所以求它，也不過是要求生命的擴充同延長罷了．好比金錢，爲什麼我們愛金錢呢？因爲它是滿足所需要的物品的代表，有了金錢，我們可以要什麼有什麼，所以我們的歡喜它，並不是眞眞的愛它，愛它的好看等等，却是愛它的能够取一切的事物.快樂與痛苦同這譬喻是完全一樣.我們爲什麼歡喜快樂呢?快樂的本身並沒有什麼可愛的地方,它所以可愛的就不過它是一個生命增益的代表.我們爲什麼討厭痛苦呢?因爲它是一個生命減壞的表記.斯賓塞雖是講了許多快樂不快樂的話,但是嚴格講起來,他實在並不是一個快樂論者.爲什麼呢?因爲快樂論是拿快樂當作最高的目標,人們的歸宿,還是最終概念.斯賓塞的說快樂就不同了,他的快樂不過是一種符號(Signal),他的最高目標是生命,人生的歸宿也是生命,快樂呢,不過是一個生命的指南針.如是這件事幹了快樂的,那便是對於生命有益,因此也可以隨意來做,如是這件事幹了以後是要感到苦痛的,那麼這件事對於生命一定沒有利益,因此也就不能作,所以快樂就是獎人去作的符號,苦痛是叫人不要做的符號.斯賓塞的學說實在是比快樂論來得高得多了.

斯賓塞同快樂論還有一點不同.快樂論的人都主張說快樂是一個固定

的東西，斯賓塞非但不說是固定的，他還說苦痛同快樂有相對性的（Relativity of pain and pleasure）。他以爲苦痛完全拿生物的機體同狀態爲準，因此各有不同。好比拿一根針來刺人，人便感到苦痛，但是拿同一根針，去刺一個大象，他連一些都不感覺，因爲人的皮薄，象的皮厚，這還是說不同的生物；在同一的生物也有這類的不同，好比說罷：我打甲一下，甲感到很痛，打乙一下，那時乙正很快活，他並不感覺什麼，這是兩個人在兩個機體上有不同。也有時一個人在一個時候一個地位感到這樣，換了一個時候同地位，便感到那樣了，好比吾人牙齒疼痛之際，當同時在肚子痛的時候總比同時在說笑話的時候痛得多。這裏我舉的例子，大半關於苦痛的，其實關於快樂也是一樣的，也許快樂的變化比苦痛來得更厲害。這說本來是那一輩人用來打倒快樂論的，斯賓塞也是這麼說，以爲苦樂是照生物的體構而變化，動物有動物的快樂同苦痛，野蠻人有他們野蠻人的快樂同苦痛，文明人也有文明人他們自己的快樂同苦痛，我們萬不能拿野獸的快樂同苦痛說這就是人類的快樂同苦痛，也不能說野蠻人的快樂同苦痛是同文明人的快樂同苦痛是一樣的。所以我們的苦樂常在那裏變化的原故，就因爲我們的環境常在變化，我們的適應環境也時時不同。好比有一個人在一個環境下，一定要適應這種環境，如其能够適應，那便是快樂了，如其不能够呢，那便苦痛了。但是環境是常常在那裏變的，變了以後定又要變適應了，因此一方面環境在變，一方面生物在努力追隨着適應，所以生物的努力既沒完了，而他所感到的快樂同苦痛也時時不同，在甲環境是這樣，在乙環境又是那樣，甲地的快樂在乙地也許是苦痛，因爲在甲地的適應到了乙地也許變了不適應了，所以也許是苦痛了。但是斯賓塞雖是講那苦樂相對的說法，他却總是說生物的適應愈趨愈厲害，就是說生物所以進化就因爲它對於環境愈是適應。所以在斯賓塞的適應（Adjustment）這個字有很大的意思，在這裏他又拿來解釋進化，進化就是適應，越是適應便越進化。他既是說生物的適應一些些的厲害起來，到後來一定要主張苦痛快樂，雖是隨境遇而變遷，在每一個變化裏面快樂的量比苦痛的量一定要多一些．照這一點看起來，斯賓塞實在並不主張苦樂的相對性是永久不變的，不過他說苦樂的相對性是進化的路程當中的一個現象罷了．在這進化的路程裏，起初一定苦痛比快樂多，到了後來因爲苦痛漸漸減少，快樂漸漸增加，一定可以達到一個地方，那地方是簡直有樂無苦的．所以他有句話說，厭世派同樂天派無論怎樣打罷，而兩方面都公認一點，人生的有沒有價值，就在乎看那快樂抵消了苦痛的結果是多是少而已．假使吾們眞的有方法來證明人類的快樂抵過了苦痛以後還有得多，那就厭世論自然而然的打倒了．斯賓塞以爲要打倒厭世派只有用進化，因爲生物越進化，他們的體構同機能便越能適應環境，到了後來，就沒有不滿足的了，那時候便可以說是苦痛已經都消去，而達到了全樂的境界了．他的這種主張可以說是進化論的樂天主義．

斯賓塞的倫理唯一法則是進化，所以他又拿進化來論利己同利他的關係。他以爲吾們人旣是生物，那麼吾們一定要有身體來載生命，然後才能有行爲。所以凡是行爲來維持身體的，都可以說是利己，然而這實在是根本，因爲如其沒有自己，那還怎能利他呢？好比沒有了皮，那毛便沒有地方住了。所以斯賓塞以爲這種維持自身的行爲，不能够因爲它的利己而責備它，但他又以爲天所以叫生物不死的原故，並不是說爲了一個個體，是爲了他那一個種族，換一句話來講就是生命要自延於永久是不能够以個體，而只能以種族的。所以在個體說來，要保存一個個體，一定先得保存他的種族，因爲沒有一個個體能够沒種族而生存的，因爲這個原故，凡是對於個體有利的利己行爲同時一定也有於種族有益的利他行爲。斯賓塞因此說，利他的起源是很遠很遠，它的起始也不過是一種自然作用，好比有許多蟲類養了子以後，自己就死了。所以這就完全爲了它的子孫犧牲，這一種傳種的利他行爲完全是出於生理作用，就是做的東西自己也不知道。好比女人們有了奶以後，她吃進去的東西，大部分都變成了乳了。然而她的乳對於自己一無用處，完全是爲了她的小孩，這就可以知道，天然間我們已經有利他的行爲。而我們後來的利他也就不過拿天然的利他擴充一下罷了，因此自然的利他變成了有意的利他，傳種的利他變成了合羣的利他，不自知的利他變成了自己知的利他。在斯賓塞的意思，利己同利他並沒有清清楚楚界限分別，也沒有純粹的利己，純粹的利己就是滅種，就是害己，也沒有純粹的利他，純粹的利他就沒有了根本。因爲利己同利他既是不可以分，因此便應當二個互相推進，有利於他人的，自己也可以得益，自己得益，也可以幫助別人，所以利己進一步，利他也進一步，利他進了一步，利己也進一步。結果，一個人的禍福同別人的禍福變成了完全是一致，這就是「社會類似一有機體」這話的意思。個人對於社會，同細胞在人身上差不多是一樣的，人的身體强健，那麼各系統好，各器官好，各組織好，每一個細胞都好，如是人身體不強健,不但那有病的地方的細胞受傷,別處的也受了影響.現在我們國家就是個很好的譬喻.從前窮漢一個,還可以自了一身,現在呢富擁百萬,還不能安居,深恐盜賊,這就因爲個人的生活完全依靠社會的制度,如其社會上沒有財產制度,或是有財產制度而不穩固,那麼我雖是有了幾萬萬也不能維持我的生活.社會的制度同秩序又有關係,如其沒有秩序,那制度便等於白有,一些兒都沒用.所以個人的舉動加害在社會上的到後來都害在他自己身上.一村上如有盜匪,搶完了,他們自己也沒吃沒穿;工人罷工要求加薪,但是資本家雖加薪而增加貨價來補他們的損失,因此工人們買東西的時候也受着了影響.中國人說起來便是報應,其實這就是社會連帶關係的自然功用.人們之在社會同魚在水裏一樣,一條魚在水裏放了毒,當然所有的魚都要死,它自己也不能免.人們害了社會,他自己也一定受到那害,同魚放毒在水裏一樣.所以斯賓塞以爲由進化可以使得社會同個人完全一致,社會的益處就是我個人的益處,我個人的害處就是社會的害處.現在人們所以還沒有一致的原故,就因爲進化還沒有完全,到那完全的時候,一定就沒有那一種事了.這裏我們還得注意的是斯賓塞以爲社會並不是一個沙堆那樣,却是件有機物好比人的身體那樣.這種社會有機說只說社會同個人的禍福要一致,並不是說社會是個人的工具.至於社會是那裏來的呢,他回答說又是進化,他的意思是說社會是進化所產生.它的產生是由於生存競爭同自然淘汰的二大法則,但是成了社會以後就好比生物的變形,完全在進化上變了一個新的,不給人家所利用,所以我們對於社會也可以用進化的法則來知道它的生長發展等等.斯賓塞這裏簡直拿社會當它是生物了.他以爲社會同社會也有生存競爭,同生物一樣,也有自然淘汰,好的社會得勝,並且留着,不好的社會失敗,因此也就淘汰了,這就是優勝劣敗的原則行在社會間了.然而我們得問什麼社會是好的,什麼是不好呢?他以爲一個社會裏面,他們的分子如其一個個都能够對於社會實行義務,彼此之間保持着公道這就是那種好的社會如其一個社會裏人人只顧私利不顧公共，那就是不好的社會．所以總結，斯賓塞只拿着進化中的競爭作標準，調和利己同利他，以爲利己同利他在一塊便是好，不在一塊便不好了．

斯賓塞又拿這進化原理說明彼此關係間的公道，亦就是休謨以爲人造德的公正（Justice），他以爲這也是起源於動物界在生物界上有兩大法則，一個是在成年的生物，它所享的利益同能力成一個正比例；那一個是在未成年的生物，它享的利益同能力成一個反比例．我們拿鳥做一個例來說．一個鳥能够飛了，就得自己出去找東西吃，它得着吃的東西的多少就完全靠着它的能力如何，能力好，找着的東西也多，能力不好，找着的東西也少，所以這是一個正比例．在那鳥小的時候，它的食物完全由它的父母去找來給它吃，它雖然沒有能力，但是它一樣的有的吃，所以這是一個反比例．這雖然是一個自然界的現象，而所謂的公道就在那裏面，人們的有公道也就是從那自然的公道出來的．

在心理一方面說，第一凡是人對於自己所有都應有自由處置的心，第二凡人對於別人行事不能沒有畏懼，第三文明發達以後才有同情心。這樣一來，我同別人的當中就有一種相當的分際。斯賓塞有句話說及公道的。他說：「各人照着他自己欲望可以自由去幹，只要不侵犯着別人的同樣自由。」(Every man is free to do that which he wills, provided he infringes not the equal freedom of another.)這公道基礎實在是自由，詳細說來，就是我們在自由建立公道，又拿公道來限制自由，這樣公道不背乎自由，自由也不背乎公道。自由在公道裏就是自行限制的自由，並不是原始的，放漫的自由了。這一點大多數人都以爲他同康德自立意志相同，但是他們雖然相同，而他們的來源就不同了。康德的說法是來自超經驗的實踐理性，斯賓塞的主張却來自進化。人們並不是不要利己，但是利己了就要滅種，天已經造了生物，那麼一定要保持生物的種，因此就不得不犧牲利己爲子孫造福。至於社會生活也是那樣，也是進化所使然的，爲處在共同生活裏面又不能不自加限制於自己。斯賓塞同康德二說雖是來源不一樣，但是他們的結果是一樣的。這說法在表面上看來好像同社會主義說的各勞其力各用所需差不多，而其實大大的不同。斯賓塞是完全反對共產主義的，他以爲一有了共產主義那就沒有了進化，因爲他說公道並不是就是平等，好比說甲能夠耕二十畝田，這二十畝耕出來的當然都是他的，乙能夠耕十畝田，這十畝田耕出來的都要歸乙，這就是公道；如是照共產主義以爲甲耕的田太多，乙耕的田太少，因此就和他們平均一下，每人耕十五畝田，那麼這裏面便沒有公道了。所以公道裏面可以有平等，而平等裏面不一定都是公道。因此他說如其我們要拿平等做原則，使得弱者同强者享受的完全一樣，那麼所謂競爭就沒有了，人們也沒人肯做强者了。這樣一來進化便停止了，進化一停止那麼種族便絕滅，所以共產主義實在是亡種滅族的一種方法，這種方法都是弱者同不自强者嫉忌好的人才想出來的。所以斯賓塞的反對它眞是十分合

理的，

雖然斯賓塞反對共產，然而他並不是主張弱肉强食主義的。他以爲進化上的好壞同道德上的善惡是一致的，道德上的善的才是進化上的優的，優勝的人有了道德決不欺侮弱的，所以我們不能拿弱肉强食來說斯賓塞的公道是不對。然而他所說的公道不是單單對於個體有利益，對於社會的總體也有利益的，所以在這裏我們又可以回想起他從前談的最大多數最大幸福來了。其實斯賓塞是很贊成功利主義的，他所不贊成的就不過是說，功利論的人拿功利做個人行事的標準，這是不正確的。因爲我們人的一舉一動實在無法想到這個原則，並且我們也不知道我們自己的行爲對於別人到底有多少的影響。所以在實際上要一個行爲的指導爲方針，我們絕對不能用那功利的原則，而在所謂功利就指幸福，幸福就是快樂，而快樂是常常在那裏變的，既要看當事人身體組織同狀態，又要在各時代各環境裏改變，所以快樂的量怎樣最大實在沒法斷定的．當然斯賓塞對於這功利原則並不是否認，他不過以爲這並不是實際上指導我們做事的方法，只能做大家理想裏的未來目的．換句話說，功利不過是人類的未來目的，却不是個人的直接目的．在人類全體講來，凡是吾們一舉一動都是不知不覺的向着那全體的福利去做，所以幸福的量越大越是好，幸福被及的人類越多越是妙，而人類不知不覺的就向着那上二句話去幹．我們也可以說天在那裏叫我們向着幸福去幹，也可以說天拿幸福給我們做目標，我們呢，漸漸的進化一直去達到它．功利論的人只知道那目標，但是他們並不知道怎樣去達到，所以他們到後來便沒法辦了．並且功利論所說的最大最多幸福，其中都包含着行爲自身，我的行爲一定要有利於我，還要有利於他人，以後再拿利他的多寡來定去就．然而純粹的利他是絕對不爲功利論的人所談起．斯賓塞雖然也不贊成純粹的利他，然在他說來對於自己犧牲比功利論容易說明，因爲自己犧牲的現象本來可以在生物的自然界裏看見，不是吾們有意自己犧牲才有的．生物爲什麽本來就有呢？因要保存他的種族，人類爲什麽要犧牲呢？因爲要保存我們的社會，這種犧牲的德是出於進化，並不是像功利論說的，出於本人的智慮，這一點實在功利論不及斯賓塞了．要知道功利論的最大最多的幸福是拿了個人做本位的，斯賓塞既然承認這功利是人類未來的大目的，那麽同他的社會有機論不是有些不合了嗎？的確，這裏他是有些不調和，但是他的根本總在於個人主義，他也承認社會同有機體並不是完全相同，一個有機體他的一舉一動都有腦子在那裏指揮，所以是統貫的，社會便不同了，它的一切都關於它的各分子，如其社會裏面一個個分子意思都是相同，那麽這就是我們所說的社會心意(Social consciousness)．從這一點看來，我們已經可以知道斯賓塞的社會有機說不過拿一個生物來比做社會，並不是社會完全是一個生物．所以在他的意思以爲社會所以成功，完全是由於進化，而這社會的目的便是要求最大的最多的幸福．他的論國家也是如此，以爲人同人當中往往不能得着公道;因此才有國家出來平準一下.到了後來,人們已經成了習慣,一舉一動自然而然的不犯着別人,而公道也就成了人們的性格,假使到了公道不必練習就有的時候,國家的大權便可以取消了,因爲有了司法機關也沒人來訴訟,有了法律也沒人犯罪,那麼國家的大權要它有什麼用呢?就這一點看來,斯賓塞雖是反對共產主義,但是對於無政府主義又叫無治主義(Anachism)倒並不反對,因爲在斯賓塞看來,國家同政府就不過爲了過渡公道用的,如其人人都能够完全適應他們的環境,那麼這一種過渡的工具便不必再用了.這一點也是根據他的「進化的樂天主義」的.

斯賓塞根據他的「進化的樂天主義,」以爲將來世界越是進化,人類便越得幸福,快樂的量也越比苦痛的量來得多,結果,一些痛苦都沒有,完全都消去.苦痛在他不過是適應環境而不得其宜,如其進化,那麼適應便改變,到後來總能適得其宜,那麼苦痛便可以漸漸減少一直到沒有.這就是斯賓塞所說的人生的目的，而能達到這目的便是道德．對於道德，他又作兩種說法，一個是叫絕對道德（Absolute ethics），一個叫相對道德（Relative ethics）．什麼是絕對道德呢？就是能够達到生命目的的行爲，所以絕對道德便是說絕對正當的行爲，好比母親餵兒女吃奶，這是絕對正當的行爲，又好比有野獸在吃人，我們一同去救他，這也是絕對正當的行爲．至於相對道德就是說在正當不正當之間的行爲，好比一個學生到外國去留學，他穿着西服，這穿西服並不是完全正當的，但是穿了也沒有什麼要緊，好比我肚子餓了，我也可以吃飯，也可以吃麵包，所以凡是這事情可以有出入的都可以歸在相對道德的範圍裏．吾們平常的事情差不多多半是歸於這一類的．但是能使得人們得到最大最多幸福是絕對道德，而現在的道德差不多都是屬於相對的，我們得一些些的淘汰，使得相對的漸漸的少，變成都是絕對的，這道德自身就進化了，而人們也可以達到他的目的——幸福了．

問題

1. 斯賓塞如何分別物理的運動與人類有意的行爲？
2. 照斯賓塞說各物爲什麽要進化？
3. 斯賓塞怎樣定道德好壞的標準？
4. 斯賓塞的倫理學說如何與一元論相合
5. 斯賓塞如何論利己與利他的關係？
6. 斯賓塞怎樣解釋自由與公道的關係？
7. 斯賓塞對未來世界如何看法？

第十章　完全論——亞里斯多德

亞里斯多德(Aristotle 384-322 B. C.)爲柏拉圖的學生,他的學說却並不與柏拉圖完全相同.在柏拉圖以前的人們,差不多他們所注重的,不是宇宙觀,便是人生問題,而對於學術全體,他們並不細細地分門別類去研究.柏拉圖出來了以後,雖然他拿宇宙觀同人生觀和合在一塊,但是他這人總是太偏於綜合一些,所以他只能說是綜合方面的成功者,但是他對於學術的分門研究也沒有去幹,後來他的學生亞里斯多德才把這工作開始去做.亞里斯多德的性格是偏於分析一方面的,他以爲單拿綜合來融和各說一定要結果到有所不足,不如把它們分開來,一個個的研究好一些.所以柏拉圖以融會而綜合,亞里斯多德是以分科而綜合,柏拉圖的綜合是渾一的,亞里斯多德的綜合是分類的.在柏拉圖的主張處處都表現着他拿渾全統一做出發點,在亞里斯多德的學說處處也都表現着他拿分類統一做出發點.柏拉圖的書都用說話體來敍述,因爲可以表現思想的進展;亞里斯多德的書則都用敍述體,因爲這種文體容易表現思想的各面.因此就有人說要講柏拉圖的倫理學說便等於拿柏拉圖的學說完全都講了,要講亞里斯多德的倫理學便可以不講他的別部分,可以單獨來講.這話當然是對的,但是也不是都對.我們現在先不論柏拉圖.講起亞里斯多德,他的倫理學雖然是獨立的,但是單講這一部分,人家一定要不明白爲些什麼.並且亞里斯多德無形中受着柏拉圖的影響很厲害,他雖是注重分門別類,但是在背後他也有一個完全的系統.而他的倫理思想同他的哲學思想很有關係,差不多哲學思想可以說是基礎,這裏我把它說一下,可以使得亞里斯多德的倫理思想更明白一些.

亞里斯多德的哲學不外乎修正柏拉圖.吾們早就知道柏拉圖的主張是唯理主義,亞里斯多德根本上就不承認這理世界可以單獨存立,因爲假使理世界同事世界完全分開，各人自己獨立，那麼不但是我們不知道什麼是理世界，並且對於事世界何以產生也一定要無從明白。亞里斯多德以爲我們對於事世界不應當看作低賤。要知道一切東西都有素質，好比書，它的質料便是紙，桌子，它的質料是木頭，沒了木頭便不能造桌子，沒有了紙也不能成本書，現在如其我們說書是高尙的，紙是卑賤的，那豈非可笑？這不過是指一兩件東西來說，至於全世界也都是照着這理的，這世界所以成功一定也有素質，那麼這素質究竟是什麼呢？柏拉圖所說的事世界，就是這世界的質料，沒有這質料便也沒有了這世界。所以亞里斯多德以爲事世界同理世界並沒有什麼高下，不過他說理世界是在事世界裏面，因爲事就是質料，理就是方式，一切的東西都有方式，好比一本書不像書樣子那便不能算是書，桌子不像桌子樣子也就不能算是桌子。所以不論是什麼東西，總有兩方面，一方面是質料，一方面是方式，沒有第一方面就是質料，那就沒這東西，沒有第二方面，那就同別東西的分別便不能知道.再說一遍,書沒書的樣子,簡直只能說是亂紙,不能算是一本書,桌子沒有桌子樣子,那便是一堆木頭,那能叫它桌子,因爲這本書,我們所以叫它書,就因爲它有書的方式,桌子,我們所以叫它桌子,便因爲它有桌子的方式.如其沒有方式,那麼紙便是書,木便是桌.這是說人造物,天然間我們也有方式,爲什麼我們看了一棵樹,說是樹,看了一朶花說是花,看了一片葉說是葉呢?這就因爲樹有樹的方式,花葉它們都有它們各個的方式,所以一切的東西都有這兩方面,決不能有了一沒有二,也不能有了二沒了一.這兩個東西是總在一塊,不能分離的,世界決沒有單有質料的東西,也決沒有單有方式的東西,沒有質料,那就沒有了那個東西,沒有方式,我們也不知道這物到底是這個不是.事世界是世界的質料,理世界是世界的方式;那麼這樣看來這兩個世界是不應分開而單獨存在像柏拉圖說的了.

亞里斯多德的所謂質料同方式並不是固定的,好比牀是木頭做成的,那麼亞里斯多德說來便是牀是方式，木頭是質料．然而木頭是那裏來的呢？是從樹上來的，那麼木頭又變了方式，樹是質料了，樹又是那裏來的呢？一粒子種出來的，那麼子又成了質料，樹又成了方式了．所以照亞里斯多德講來，全世界上的東西都可以排在一張極長極長的表上，這表上的最低下的一個可以叫做純粹的原質，在最高的一個可以說是純粹的方式．但是我們可以把方式比做目的，那麼亞里斯多德的宇宙全體都拿目的來連着，我們再用上一個例子來說：木的造成牀，是因爲木頭有造成牀的目的，木頭是樹裏出來的，但是樹所以變成木頭，那因爲樹有造成木頭的目的，樹又是從一粒子出來的，一粒子所以變成了一棵樹，是因爲子有長成一棵樹的目的，所以亞里斯多德的宇宙到處都有目的，一個目的連着另一個目的，好比連環似一樣，好比竹頭的節一樣．所以這裏亞里斯多德實在是受了柏拉圖的影響，他的宇宙觀也像柏拉圖似的是一個連環塔形，每一層上面一定還有一層，這上面的一層便是那層的目的，拿無數的小目的連在一塊兒便成了一個大目的，這大目的是什麼呢？是宇宙。所以亞里斯多德的所謂因（Arkhe 或 Arkhai）雖然同英文的 Origin 相同，而實在並不是指後推的力而說的，好比棒打球，棒打是因，因此棒就是推動力，他的意思並不是如此，他不說後推，而說前拉，好比花開結果，爲什麼開花呢？因爲它的目的在結果，所以不得不開花，爲什麼又要結果呢？因爲它欲延續它的生命，所以它不得不結果，這些雖然都是原因，但是都不是說後面的推動，而是前面的目的在拉動。我們可見亞里斯多德的宇宙全體都是節節關係着的，最高的原因便是最初的發動，好比放鞭炮，我們點一個火綫，其餘的都自然而然一個一個的爆發了，這一個火綫，便是那最初的發動，也就是亞里斯多德叫做的原動者（Proton kinun）或是神（God），實在便是那純粹方式，因爲純粹方式是在最高一級的。他這一種學說大家都叫它進化的宇宙觀。

我們現在不講他的哲學了，現在我們好講他的道德學了。亞里斯多德承認蘇格拉底的說人生是有目的的，這是說人生是有自然的目的，好比蠶生了以後便要變成蛹，蛹出來了以後便要變成蛾，生物的生成都是這樣的．所以我們也可以說它是目的（Purpose），亦可以說是職司（Functions）．人生了便想怎樣做人，我們常知道人們有許多奇胎，有的生了來少了一個手，有的生了來瞎了一個眼，這些我們都叫做怪胎，其實便是不完，我們人生了就想做完人，想達到完全，這還是身體方面，在心理方面也是一樣的，有一件事，我們不能辨它的對不對，那便是知的不完，看了好玩的，好吃的，我們就想要，那便是情的不完，見了難事便逃了不幹，那便是意的不完．所以我們要做完人不單是說身體上是完全，並且要心理上道德上也完全．蘇格拉底說我們人生下來就有目的，現在亞里斯多德也拿這個做前提，以為人沒有一個不拿他天生的目的做他所求，但是這天生的目的是什麼呢？這一點蘇格拉底並沒有說明，所以後來的蘇格拉底派都是照着自己意思去回答，有的說是快樂，有的說是克己．亞里斯多德以爲這目的，不是別的，就是講怎樣變成一個完人。在講怎樣成完人以前，我先把亞里斯多德的宇宙現象論同心理學說一說：

亞里斯多德根據着進化原則同目的原理，說這世界是一個自行發展的體統（A self-developing system），也可以叫做活的體統（Animated system），他的意思是拿這宇宙比做一個生物一樣。亞里斯多德講生物注重在生物的內部有發展的可能性，照他的意思，雞好像已經早在雞蛋裏了，否則爲什麼雞蛋不變成鴨呢？可見雞蛋裏面已經早在無形中伏有雞的可能性，他有一個特別名詞叫潛力（Entelecheia）就是指這個說的。希臘的自然（Phusis）同我們說的是不同的，它含有自然生長同自然發展的意義。亞里斯多德更進了一步，他以爲自然就是一個自動、自成、自定的東西。但這東西以外並沒有別的東西，他看自然物同人造物相差不多，所不同的就是人造物的外邊是人所造，天然物的裏面是自行造成的。這天然物並不是像一大堆的散沙，亂散一頓，所以我們的宇宙並不是天然物總體的稱呼，要知道天然物的宇宙上同細胞在人身上是一樣的．細胞在人身上有作用，也有活動，單獨說起來，也可以說它是一件東西，從它不能脫離身體而生存這一點說起來，那麼也可以說它是身體裏的一部分，一切天地日月，山河花木，在宇宙裏就同細胞一樣，所以宇宙實在是一個自行發展，自內生長的自全系統．這是亞里斯多德的自然哲學中最重要的一點，從這一點開始，我們就要細細的講這體統發展的程度．他先拿動的形式分成三種：一最低級的動不過改良地位罷了，好比從甲地到乙地，這一類的動又分爲二種，一種是圓形，一種是直線，圓形的可以周而復始，所以比直線的來得高；二次級的動是性質的變化，好比一件東西叫甲，同一件東西叫乙變成了丙，好比化學上的 $2Na + Cl_2 \rightarrow 2NaCl$ 一樣；最高的叫生機的生滅，好比一個生物生出來了，大大了，壯壯了，老．這三種動，如其拿現在的話來說，便是(1)物理的，(2)化學的，(3)有機的（Organic）但是這種並不是一個獨立的，都是迭次包容性質的變化就包含有地位的更易，生機的生滅就包含有性質的變化，所以實在是一個東西有許多層次，並非是許多東西．亞里斯多德的看世界也是這樣．他以爲世界是一個大有機體，在那有機體裏面有許多層次（Sucessive strata）給它包含着，這裏最重要便是層次了．他拿層次的迭相包含而造成一個宇宙，同時他又主張愈進化那麼所包含的層次就越多．好比乙包含甲，丙又包含乙，那麼一定包含甲，丁又包含丙，那麼一定包含乙同甲．於是他說世界上最低下的一層是無機物，好比石頭木頭等等，此種無機物有變易地位的動，也有變化性質的動，所缺的止不過是生命罷了．在希臘時候人們都拿生命同精神當作一件東西，亞里斯多德的Psyche或Nous就是英文裏的Soul，平常譯作靈魂，其實在他的意思不過是一種生活的潛力．所以他說有機物同無機物的區別就在乎無機物缺少一個靈魂．然而靈魂也有等級，最低級的叫 Chreptikon，就是「生長力」，植物們只能用外邊的東西來營養自身，這就是生長力作用，所以我們可以說植物只有最低級的靈魂，所以生長力也可以叫做植物性的靈魂．動物就有感覺同欲望，所以它的靈魂比植物高一級，所以感覺同欲望可以叫做動物性的感覺．但是動物比人還低一級，人不單單是有欲望同感覺，他還有思想同計畫，思想同計畫合在一塊可以說是理性，這理性便是人們所有而動物們所沒有的，也就是人們所以比動物們高的原故．假使我們要照上面迭次包函來說，那就是說人們包函得最多，他第一包函着理性，但是他也有動物性的靈魂同植物性的靈魂，動物們包函着雖是動物性的靈魂，但是它也包函植物性的靈魂，植物們只有植物們的靈魂，因此人們所包最多．他能够把感覺化做知識，把欲望化成意志，把印象化成概念．因此亞里斯多德又把理性分成二個，一個是主動的（Poretikos），一個是被動的（Pathetikos）；第二個是說不能脫離動物性靈魂同植物性靈魂的理性作用，換句話說，便是不能脫離吾們身體的理性作用，好比知識不能脫離感覺，意志不能脫離衝動這一類．第一個是說這種理性作用自行超越出來，而化成了普遍，因爲它是超越，所以它不同那植物性的靈魂動物性的靈魂相附了；因爲它是普遍，所以這並不限定在某某個人身上，所以他說的主動理性好比中國人說的天經地義，永存在世界上而沒有改變的．這裏，我們又得再說一下他的宇宙論．亞里斯多德看人好比一個宇宙，看宇宙又好比一個人，所以他叫人做小宇宙（Microcosmos），爲什麼說人像個宇宙呢？那就是說一個人裏面包含住許多層次，最高層是理性，最低層是肉體，在其中也有像植物那樣的生長力，也有像動物那樣的感覺同欲望．宇宙像人那麼是怎樣講呢？那就是說宇宙也有一個個層次，最高的純粹方式，就是亞里斯多德叫的神，神以後便是人，人以後便是動物，動物以後便是植物，植物以後最後便是無生命的礦物了．人同宇宙都是像個塔一樣，他們自己都是一個全體，其中包函着許多層次，人的最高層次是理性，宇宙的最高一層是神，這神並不是眞正宗教上崇拜的神，却是「純理」的別名，人的理性表示宇宙的神性(Deity)，也因爲宇宙有神性人才有理性，因爲宇宙的層次同人的層級是相合的．這便是亞里斯多德自然哲學同心理學上的主張，現在我們得連下去說他的倫理學了．

我們上面不是說過亞里斯多德以爲人生固有的目的就在完成所謂爲人嗎？如其我們單說怎樣作人，那有什麼意義？因爲如此，我所以把他的自然哲學同心理學說一下．亞里斯多德以爲人的各職能，都是天生就有的，應得使它完全，如其我們能把天給我們的各職能都發揮到最高度，那麼我們便成了完人了．但是怎樣來發達天給我們的職能呢？假使我們是植物，那麼我們只須發展植物性的靈魂好了，假使我們是動物，那麼我們也只要發展動物性的靈魂好了，但是我們是人，單單發展那種植物性同動物性的靈魂實在不足作一個完人，所以我們發展我們所獨有的東西，這便是理性，亞里斯多德又叫它做To logon ekhon，意思是設計心同綜合心，那麼要做一個完人就不過發展那能計畫能綜合的理性.但是現在我們要注意他並不像他的先生柏拉圖拿理性來壓倒別的欲性,他以營養作用的植物靈魂也要使它發展,感覺作用的動物性靈魂也要使它發展,不過就是理性底下發展,在理性底下的發展是支配的發展,調和的發展,不在理性底下的發展是獨立的發展.亞里斯多德便注重這調和的發展,我們內部的職能一個個都要使它發展,不過要在最高統御的理性的支配下.理性所以是管理一切情慾,一個是治管的人,一個是被治管的人,單有治管的人就不成東西,不能生存,單有被治管的人那就放縱一切,結果一無幸福可說.所以理性同情欲的關係並不是調停,而是調和,調停是說二方都讓步,調和是說配合在一塊,成功一個全體.所以理性並不是來調停情欲,却是拿自己做標準而來指揮領導情慾.人的目的是在完成我們的做人,所以也就是完成我們理性的發展.理性同神性相近,我們在上面已經說過,神性不必要道德,獸性就沒有道德,只有人在神性同獸性當中所以才有道德,道德就是拿近於神性的理性來化到近於獸性的欲性．所以亞里斯多德對於世界上的人生目的都不滿意，說是要快樂，他以爲這便是獸性，不是道德，他的人生的目的是「理智的生活」（Bios theoretikos, life of contemplation），這一點我們等一會再講，我們先把亞里斯多德的說法排成一張表，這表是取從瓦萊斯(Edwin Wallace)那裏來的：

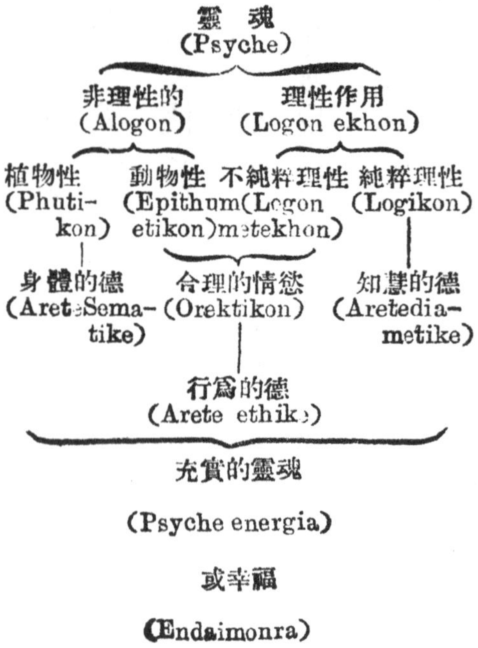

這張表上最後的幸福就是人生的目的，因此亞里斯多德以爲幸福就在我們自身不必向外邊去求的．亞里斯多德所謂人生目的是幸福，但是要達到這幸福一定要有德，德字在希臘字是 Arete，在拉丁是Virtus，在英文可以算是 Excellence，在中文的意思實在是「擅長」「有效，」德在亞里斯多德是達到幸福的唯一塗徑，但是德並不是天然的，要自己去找來的．蘇格拉底以爲德不是技能，單單練習是得不着的，亞里斯多德這一點同他完全相反，他以爲德是練習所能得着，因爲德不過是一種好的習慣．他叫做 Exeis 就是心理上固定的傾向(Habitude)，也可以說是嗜好，好比讀書的人看了好書便快樂，政客聽見講政治便快樂，這些都是自然的，亞里斯多德說吾們就應當將天給我們的能力多得些練習的機會，練習久了便成了性，這種好的性便是德，現在天給我們的能力最大的便是理性，吾們應當充分的練習這理性，這理性的發展成了習慣，便叫做德，所以德也不自然也不不自然，說是自然，它得練習出來的，說它不自然，它一定先要有了理性那才能練習，這一點亞里斯多德同蘇格拉底是不同了．

亞里斯多德雖然同蘇格拉底不同，但是他也是理智主義，因爲他主張要練習成習慣的還是我們的智．講到發展理智，大概他說有二條路，一條是理智自身發達，專向着眞理去追求，這個叫做純理作用．另一條是理智做情欲衝動的制御者，專門來指導情慾，限制情慾，這個叫做實踐作用．所以吾們的人生目的是在完成所以做人，而完成所以做人又有兩方面，一方面使理智發達到最高度，一方面使理智管理情慾的本能也要充分的發達，前一方面是理智單獨的活動，後一方面是理智統御情欲衝動的活動．這二方面又是有關係的，越是理智發達，那麼理智管理情慾起來也更有力，若是沒有前一方面，那麼我們便不能知道那個情欲好，那個情欲不好，因此我們也就不能管理，現在我們也講理智自身的發達，就是知慧的德．

知慧的德簡單說起來便是智德，這種德是學習成功的亞里斯多德以爲我們的理性有二部分，一部分叫辨認原理的智（To epistemonkon），一部分叫辨認事故的智（To logistikon）第一部分是用在認識永久不變的原理，第二部分用來判斷起伏不一定的事故．對於原理最重要的變成「眞」所以眞理便是智德的目標．對於事故的判斷，最重要的是「當」「當」呢就是吾們的欲望在理性指導之下發揮．在智德方面要得到「眞」有五個方法：(1)藝（Te-khne,art）、(2)學（Episteme,science）、(3)思（Phronesis,prudence）、(4)智解（So-phia,wisdom）、(5)直覺（Nous,intuitive reason）．藝是說吾們的工藝同美術，學在他意思，是對於永久不變的定義，比現在科學的範圍比較來得小，並且也注重在實證（Demonstration），思就是實踐知識，並不指普遍事項而說，却是專拿行爲自身做前提，來討論怎樣最相宜，也可以說，怎樣可以最適宜的應付環境，所以這是屬於實踐方面的，它的內容不外乎去辨別是非同利害，而對於欲望情感的衝動加以適當的指導，這也可以說是屬於行爲的德的範圍裏的·直覺是指對於最高原理，或是根本問題的直接認知，換句話說，就是對於不由科學證明的根本原理的直接認知，智解就是融合「從事於證明的學問」同「從事於最高原理的直覺」而成一個整個的知識．用現在話說起來，直覺好比是玄學（Metaphysics），所謂學可以說是科學，所謂智解，便是科學同玄學合成的哲學（Philosophy）．這五個照它們的對象可以分成兩類，一類是求必然的眞理，這類裏有直覺、學同智解，一類是應付偶然事故而求得當，這類裏的是藝同思；但是這二個裏面還有分別，藝有致用同不致用的分別，思又有廣義同狹義二面，在廣義的意思看來，思就是一種術，亞里斯多德以爲關於管理國家，那麼政治學便是這種術，關於國家經濟學便是那種術，在狹義的意思看來，那就是一個人的處世立身之道，所以實際上只有思同致用的藝是屬於實踐的智（Practical Wisdom），其餘都屬於理論的智（Theoretical wisdom）

的。但是實踐的智也好，理論的智也好，但是兩個都是德，因爲它們都能使我們達到我們的固有目的。理論的智使我們對於目的有些接近，實踐的智使我們對於方法好好的挑選，不致於誤用，因此理論的智比實踐的智實在是高一些。

現在我們依次說行爲的德。行爲的德簡單叫做行德，亞里斯多德以爲這行爲是從習慣裏出來的，像智德在學裏出來一樣，但是行德要成立却不能脫離實踐的智，因爲從實踐的智才能變成習慣。現在我先說一說到底怎樣實踐的智變到習慣，第一我們先談抉擇（ Prairesis ），這抉擇的意思比吾們說的有意行爲的範圍還狹，獸類只有故意行爲，但是沒有抉擇行爲，這種抉擇行爲只限在道德範圍裏，好比一個銀行裏的保管科科員，當然他的職任是保管銀錢，但是他的能力却也可以使他偷盜銀錢，如其那人不保管而偷盜，那麼他便是違背了道德，我們可以責備他，但是如其一個人看了強盜便逃走，這雖然也是有意行爲，但是這裏絕對沒有抉擇，所以我們不能拿道德去責備他。亞里斯

多德以爲抉擇有幾個要點:

(一)必須在吾們能力範圍以內的,不在內的便不能算.

(二)一定要對於方法而施用,對於目的絕對沒有關係.

(三)一定要經過考慮(Boulensis)或是方法的選擇的.

所以他的抉擇定義是在能力範圍用考慮斷定的路徑(Boulentike orexis ton eph emin),因爲他有考慮等等所以他可以賞,也可以罰.這裏有一張表:

一	我希望得着A	欲望
二	B是達到A的方法 C是達到B的方法	考慮
三	C是我現在能力所能的	當前
四	我擇取C	抉擇
五	我實行C	行動

這可見(2)同(3)都是實踐的智,所以我們可以知道實踐的智對於一切事情指

導了，成了習慣，這慣性便是亞里斯多德所說的行爲的德了．

亞里斯多德以爲行爲的德從改造我們固有的情感欲望出來的，那在未改造以前，一定有自然的情感同欲望，他所研究的就是這自然的情感同欲望是什麼，同用什麼方法去改造它．他以爲吾們的情欲往往流到極端，這極端有兩個，一個是太過，一個是不及．所以改造的方法不外乎把兩頭去了，只留那中間，這就是亞里斯多德所說的中道(Mesotes,mean)．從前的希臘人最注重美，他們以爲美就是數量分配得很得當，美的反面叫醜，那就數量配得不得當，也許太過了，也許不及了，所以不及也是醜，太過也是醜，適中的才是美，所以美就是調和（Harmony），醜就是不調和．亞里斯多德這思想完全是受了這個的影響，以爲天下的東西都可以分成三類，大小中，大的太過，小的不及，只有中的最適當而最好，他對於人們也是如此．亞里斯多德叫東西的中是絕對的中(Absolute mean)，叫人們的中是相對的中(Relative mean)，因爲前一個是不改變的，後一個是跟着我們人時時的不同．然而這中究竟是什麼呢？我們可以回答說，吾們發表吾們的情感一定要依着理性的指導，必須在適當的時候適當的地方，向適當的人，這種適當也就是折中，因爲適當只有一種，而不適當有許多許多，好比我待人，待他不和善，待他太驕傲，待他不當心，這都是不適當，而適當的只有一個便是溫和自重，所以亞里斯多德說德同不德看起來好像是相對的，但是從本體看起來，他實在是適中的，普通如其說二十太多四太少，那麼十二是折中正好，所以叫做絕對的中，但是在人便不對了，吾們不能說二十片麵包太多四片太少，大家平均一下，便折中了，其實十二片也許大力士正好，別人還許吃不下呢？所以這是各人各人不同的，在我是適中，在你未必適中，你是適中了，在他未必適中，在今天我是適中，在明天也許就不適中，在明天適中了，後天也許就不適中，因此各時各地就有各的適中，所以實踐的智乃成爲十分重要，因爲有了它才能一個個的辨別．這裏我們又有一個表：

基礎	德與不德		
（情感或行動）	（太過）	（適中）	（不及）
信任	魯莽	勇敢	懦怯
享樂	放蕩	節制	麻木
金錢使用	浪費	得用	吝嗇
名譽取得	虛榮	自尊	卑鄙
怒	暴燥	溫和	無感
施助	粗俗	寬宏	刻薄
關於自己的行動	誇傲	誠實	屈貶
遊戲	滑稽	機巧	拙陋
羞恥	怕羞	有禮	無恥

這一張表不過是舉幾個例來說說罷了，現在我們再加以一些的說明．好比享樂，放蕩去享樂，是太極端了，麻木而不去享樂，也未免太不懂得享樂，所以享樂

而有節制實在是最好最適中了．因爲人們的本性本來是有些偏的，所以大半人們都容易走到兩極端，而不容易走到適中的地方，亞里斯多德以爲要走到適中的地方有三個方法，這三個方法是(1)距離適中越遠的一點應當最先去却，好比懦怯離着勇敢很遠，那麼我們情願莽撞不要懦怯的；(2)我們要對於自然而然的趨勢加以改正，因爲我們人的自然趨勢總是向着兩極端去走的，因此我們應當改正；(3)如其不能够適中，那麼在兩極端選一個比較輕小些的．這三個裏面，第一同第三其實是一個意思，因爲我們可以歸納一下：(1)如其不能够得到適中，那麼在兩極端裏選一個比較近適中一些的；(2)如其我們的本性是向甲極端的，我們應當把它改向乙極端．第一個是不能够適中的讓步辦法，第二個是改正我們各人的偏向，但是這不過是用在不能適中的時候，如其能够適中那就不用如此了，好比我的本性是懦怯，你的本性是粗魯，那麼我便應當魯莽，你應想懦怯，這就是老話「矯枉過正．」亞里斯多德這處同快樂論大不相同，因為我們去改正我們平素的偏向，就等於我們不拿快樂做標準，這便是亞里斯多德的適中學說.在最後我還要加一句，就是說有許多情感同行爲，好比說謊，偷盜等等，都是只有極端，却沒有適中的.所以適中論也是有例外的，這一點我們應當加以注意.

亞里斯多德的倫理學或道德學，在他自己以爲是政治學的一部分，他說人生就是政治的動物，這裏的政治並不是眞正的政治，却是指着社會，指着包涵政治組織的社會，所以道德同政治實在是一件東西，道德是處理自己的，政治是對付人羣的，它們二個是有連帶的關係.所以絕對沒有一羣人都不好，只有我一個人好，也決沒有社會的組織不合理，而我個人的行爲一些不受影響，更沒有個人都沒道德，而社會倒是好好的，所以我們只管自己有道德還不過是片面論道德，照亞里斯多德說來，一切也要論政治，道德同政治是在一塊的.他的意思本來是說我們本來要做一個完人，這完人一定要在社會上生活的人否則便不能算是完人這句話倒過來說便是：人生的目的一定要在合羣的狀態裏才能够實現，一個單獨的人決不能達到人生「幸福」的目的，所以一定要合羣，因爲合羣才是使我們貫澈固有目的的唯一的路。說起羣來，也有許多種，在這些種裏，如其其中的分子都在平等的地位，並且能拿自由意義發現於羣體的組織，那才是好的羣，好比有政治的國家，那有政治的國家，它的目的便在教化人民，使得人民得福得利，並且有德行，所以國家的作用完全在於助長文化，也可以說是維持道德而訓練人民，培養學識，提倡教育，崇長美感，所以這樣一來，凡是一個人所不能幹的，一羣就能幹了；在道德一方面說，一定要有國家來制定好風俗，一定要有公正的法律來管束人民，因爲有好風俗來引誘，有法律來管束，那麼人們便自然而然的向好了。這些已經可見個人的道德生活便是合羣生活，也就是有此種公共生活才能使個人成功一個完人，達到人生「幸福」的目的。

然而國家的目的在訓諫人民的道德,故國家對於我們的道德有密切的關係,對於行德比知德更密切,拿德的高下來說,知德是來得高,所以我們的生活應當比國家生活或是政治生活來得高,要達到理想生活的地步,亞里斯多德以爲理智指導情感意欲,使他自身調和又同別的融洽,這還不過是人的生活.假使能夠純粹的領會眞理,那麼就是最高快樂,也就是神的生活.因此吾們理想的目的實在是這種生活,近於神的生活.在這種生活,那麼理智便發展到最高度,所以亞里斯多德的學說人家都叫它完全論了.

問題

1. 亞里斯多德如何解釋理世界與事世界?
2. 何爲純粹方式?
3. 亞氏的道德目的是什麼?
4. 述亞氏之動的形式及其宇宙層次觀?

5. 亞氏如何解釋神與理性的關係？
6. 解釋瓦萊斯的亞氏學說系統表？
7. 如何成一完人？
8. 亞氏拿什麼標準來改造情感欲望以達其行爲的德？
9. 爲什麼亞氏的倫理學要連繫於他的政治學？

第十一章　自我實現論——格林

格林（Thomas Hill Green 1836–1882）的倫理學說是拿知識的形而上學（Metaphysics in knowledge）作基礎，他的起手也是認識論．

他以爲世界上最有價值研究的便是知識，大半的唯心論者差不多都說知有三個特點：⑴超時間，⑵超空間，⑶超自身，好比三國演義上說的，諸葛亮三氣周瑜這件事，這件事在書上說的有固定的時間和地點，但是當我們想起這事的時候，我們心裏的諸葛亮雖不是當時當地的諸葛亮，但是至少他總是諸葛亮，在諸葛亮本身說來，他的時間是有一定，他佔的空間也是有一定，但我的知識裏，那就不限在那一地那一時了，因此這便是超時間超空間．關於超自身更容易明白現代的行爲派心理學（Behaviorism）說吾們的思想，就是沒發聲的言語動作．又好比唯物論的說知識是一種反應作用這就是超自身，因爲我知道我的知識是一種反應作用因爲我知道我的懸想是沒發聲的言語動作.

我們知道知識是超時間超空間並超自身，但是它的超出也不是絕對的超出，因此不能算是絕對的自由而是有限的，因爲我們是有限的，所以我們也拿知限制了.格林以爲吾們的知是從大知裏面出來的，我們的小我是從大我裏出來的，吾們的小我雖然是一個單體，而實在有許多要素，好比身體情感欲望本能同知慧等等，格林以爲這些都不夠作大我的代表，只有知慧還比較近一些.因爲知慧的特點是在自覺（Self consciousness），這自覺實在是我們所獨有的特徵，别的生物都沒有的，吾們所有的心理作用，都可以用生理作用反應作用機械作用去解釋，就是這自覺别的不能解釋，因爲要解釋，我們先得有自覺，所以自覺實在是沒條件而第一存在的，因此格林說只有吾們的自覺才算近宇宙本體.他以爲宇宙本體便是大自覺，也就是大知（Eternal intelligence），因爲他由吾們的自覺作用的知推而知道世界是大自覺的大知.並且他由吾們的知是比較的超越同比較的自由因此推到這自覺心一定是絕對的超越同絕對的自由.

現在我們要講他的唯心論的道德學.他以爲吾們人有身體,有感覺,本能欲望情緒,當然是自然界裏的生物,但是因爲他有自覺心,所以他已經稍稍的超出了自然界,要知道吾們有自覺不單是用在自知,並且能影響別的,好比對於感覺,因爲有了自覺所以不單是印象而變成了知覺,對於本能,因爲有了自覺所以不單是衝動而成功了希望,對於欲求因爲有了自覺所以不單是需要而變成了理想,所以這一個自覺心,雖是小用處却是大極,人們同禽獸所以不同就在這一點.至於吾們的意志,有了自覺心,不是向前衝進,一定要實現自身.因爲他實現自身,所以是自由的,這自由意志便是道德的基礎.在格林的意思,自由便是自因(Self-caused),自定(Self-determined),自發(Self-spontaneous),好比做了甲一定有乙,那就不是自由,吾們意志因爲有了自覺心,所以他能自己做原因，自己做結果，不像做甲一定有乙那樣，所以這動便是自由的動，也就是道德的來源．

上面是講意志自由，現在我須再說一些格林學說的基本．吾們的自覺能够使吾們知道那個比現狀來得好，吾們的意志就照着自覺告訴我們的向前去做，格林因此說自覺審識是好，那麼意志便去做，不好，那麼意志也便不做，所以他絕對不主張有辨別善惡的「良心」，因爲有了自覺心便很夠的了．所以格林對於直覺論是反對的，直覺論說吾們有特別感官來辨別道德，格林以爲這是不必須的，吾們的自覺心已經能够認識善惡．但是人家一定要問爲什麼自覺心能够知道好壞呢？這回答便是，因爲大自覺的主持，我們人的自覺是世界的大自覺裏分出來的，我們所以能辨善惡便是由這大自覺心在那裏主持，這就是格林的自我實現論．他以爲吾們的小我就是在表現這大我，所以小我不得不要好，因爲小我的要好，完全是出於大我要完全他的自覺，因此一個小我的要好同別一個小我的要好決不有衝突的，因爲一個小我的要好就使大我完滿一層，而別的小我的要好也是一樣的，好比一個人身上有手脚，手的發展使身子好一些，脚的發達也使身子好一些，決不會手的發展同脚的發展有了衝突的，這種相關利害就是根據於人格唯一。現在格林不過是拿大宇宙的自覺心做人格的唯一，許多小自覺心做耳目口鼻，所以耳目口鼻的發展都是同身體有益，許多自覺心的發達也自爲了去發展這大自覺心，吾們所以能夠知道這個好這個不好的原故，也就因爲有這宇宙精神在那裏推動。在格林的意思，我們人生的目的便是自我的實現。小我的實現便能使得大我也實現，因爲自我必須要實現，所以我們常知道有比目前還好的在前面，並且引我們向前去追求。我們得了一些好的，便知道前面還有好的，因此「最善」是我們一生最後的目標，越近這目標便越是滿足，如其能達到這目的，那就完全滿足了，所以格林說自我實現也就是自我滿足（Self satisfaction）這一點他同快樂論一樣，其實是完全不同的，因爲快樂的主張滿足是主張快樂，格林以爲這種快樂是對於慾望同情感而不是對於人格因此這是一時的滿足，不是永久的，所以他的主張是永久的自我滿足．也是永久的滿足理想我，因爲小我常給大我推動，他的推動便是前面給你一個理想使你向前去追求，所以達到了最後，便是滿足了理想我，這就是格林的學說．

格林的話雖是這樣說，但是他自己也承認這最後的理想界還不是我們可以知道，因爲我們的自身還沒有好好的發達，但是在這進行的路上，我們決不能說實現是不對的．他以爲人類所以有社會，社會所以有改良，道德觀念的範圍由狹變廣，道德的內容由淺變深，道德的對象由外入內，這些都可以證明人類自覺心的發展有一定的方向，但是在沒達到以前，我們不能說這結果到底是怎樣的．他以爲我們的實現是向着公善，好比在一家裏，我們自然而然的努力一家的公善，好比節制道德，從前不過是指節制飲食，後來便節制到男女，節制到一切地方；好比勇敢，起初不過是表現性格，後來就變成了奉公了，又變成了盡職了；這些都可以表明二點：(1)施行的範圍一天天的廣，(2)所含的意義一天天的深．在第一點講，好比從前男女不平等，現在男女是在一個道德標準下了，從前獸類總是虐待，現在也是相當待遇了，這都是說範圍漸漸廣了．在第二點講，好比起初是滿足我們的需要同欲望，後來變了滿足我們的知識同美感，最後便要達到自我的滿足．所有的德，像勇敢公正，他們的意志一天天的在改變，這就在道德觀念自身的進化，格林對於這一點十分注重，他以爲這一類的進化便表示着，我們實在是向着那目的走去，不過還沒有走到，因此我們不能說它的結果，我們只能講它實現中的現象罷了．

格林既然拿道德的進化來證明自我實現是對的，我們因此可以推想到他也是像黑格兒那樣的，注重道德的客觀化，所以他也不是完全的動機論者，更不是完全的結果論者．他是說有了動機還有結果那才是正當，倒過來說就是拿結果來證明動機，拿動機來說明結果，結果同動機這二個一定要在一塊相幫助，沒有一個便不成．總看起來，他比快樂論專講結果，同直覺論專講動機都好多呢！

問題

1. 格林如何釋大知小知大我小我？
2. 人拿什麼以接於大我與大知？
3. 自覺心之所向何以是道德的？
4. 爲什麼自我實現就是自我滿足？

參考書

1 H. Sidgwick, Outlines of History of Ethics.

2 Rogers Morals in Review.

3 R. A P. Rogers, Short History of Ethics

4 G. C Field, Moral Theory: An Introduction to Ethics.

5 D'Arcy, Short Study of Ethics

6 Laird Study in Moral Theory.

7 E. F. Carritt, The Theory of Morals.

8 F. Paulsen, System of Ethics

9 J. Seth A Study of Ethical Principles.

10 Broad, Five Types of Ethical Theory.

11 Hartmann, Ethics

12 Bonar, Moral Sense

13 E. M. Miller, Moral Law and the Highest Good.

中文名詞索引

二畫至三畫

四畫

五畫

六畫

七畫

八畫